生命元素

搶救人體必需的礦物質

Elements in Life | The Role of Minerals

張茂——著

編輯序

健康的秘密

礦物質是人體內無機物的總稱。它和維生素一樣，是健康不可缺少的元素。根據在人體內含量的多少，礦物質又分為兩大類：常量元素和微量元素。其中，含量大於體重的0.01％者稱為「常量元素」，主要包括鈣、磷、鈉、鉀、鎂、氯、硫；含量小於體重的0.01％者稱為「微量元素」，主要包括鐵、銅、鋅、錳、硒、碘、矽等14種元素。

礦物質又被稱為「生命元素」。它們一方面做為「建築材料」構成人體組織，另一方面，對維持人體正常的生理功能發揮著至關重要的作用。一旦缺乏或者過量，都會造成無法彌補的疾患。比如，人體缺鐵會引起貧血，但是鐵在體內過量時，必定累及肝臟，對免疫系統發生損害；缺鋅會導致食慾不振、厭食，甚至影響生長發育，而過量的鋅則會抑制吞噬細胞的活性，減弱它們的殺菌能力，反而使身體抗病能力減弱。

各種礦物質在人體新陳代謝過程中，每天都會有一定數量隨各種途徑排出體外。因此，必須進行適量的補充。

本書就是從礦物質與人體健康的關係出發，針對不同人群對礦物質的需求，全面介紹了如何科學合理地攝取礦物質，並提供每種礦物質的最佳攝取來源，以及預防礦物質失衡所致

編輯序

的各種疾病。

相對於同類的書籍，本書具有三大特色：

1、有系統地介紹了21種人體所必須的礦物質，並且對每一種礦物質的功效、缺乏及過量症狀、攝取方式等知識進行了科學的論述。

2、藥補不如食補，作者精心找出每種礦物質的最佳食物攝取來源，讓你隨時做最充分的補給。

3、依照不同的年齡層和不同生活及職業形態對礦物質進行針對性的補充，提供科學的全天然礦物質攝取方案。

相信你在讀完本書後，能瞭解和注意生活中礦物質的適量攝取，正確調理飲食，取其利而避其害，進而贏得健康。

作者序

量身打造 專屬健康

礦物質是人體內神奇的輕騎兵，快速反應的小分隊，哪裡發生了險情，哪裡就有它們的身影。這些元素有的潛伏在骨骼內，有的戰鬥在血液裡，有的駐紮在肌肉中，隨時保衛著生命的安全。

礦物質是人體的六大營養素之一，佔人體總重量的4%，被稱為「生命元素」。它們決定著人體的健康水準，一旦缺乏或者過量，都會造成無法彌補的疾患：鈣磷供給不足或比例不當時，會發生佝僂病、骨質疏鬆；鐵缺乏時則會引起貧血；碘是甲狀腺素的合成成分，與甲狀腺腫大密切相關；鋅會影響身體發育，還決定著一個人的性能力……

礦物質無法在體內生成，卻會隨著尿液、糞便、汗液大量排出體外。要想保持恆量，唯一的辦法就是不斷地從膳食中攝取。

然而，現代生活中太多的不良習慣浪費了大量礦物質——

有些人追求精細的食物，與粗糧的距離越來越遠，造成鎂、鉀、錳流失。

有些人為了滿足口感，不斷進食各類調味品，造成鈉鉀失衡。

有些人嗜菸酒、燒烤，在廚房準備飯菜的時間越來越短，更是讓硒、鐵等無法進入人體。

有些人整日飲用純淨水，並喜歡將各類食物深度清洗，使得礦物質「大出血」而流失。

有些人是嚴格的素食主義者，拒絕蛋、奶、肉，無法攝取足夠的鈣、鋅、鐵等元素。

還有些人大魚大肉，卻與蔬菜、水果更加陌生，或者與來自深海的食品無緣，讓多種礦物質失衡。

膳食中的種種不良習慣讓大量礦物質輕易地逃掉，無法進入人體為健康做貢獻。與此同時，環境污染越來越嚴重，許多微量金屬元素大量排放到空氣、土壤中，透過呼吸、飲食等途徑進入人體內，但是它們並非人體必須元素，會干擾身體礦物質的正常代謝。

在兩種因素的共同作用下，你會時常感到腰痠背痛、缺乏精氣神、容易感冒；變得精神緊張，焦慮，精力無法集中，失眠；皮膚過早地出現皺紋、黃褐斑、彈性降低，衰老悄悄爬上臉龐；頭髮乾枯、指甲脆弱，還出現灰指甲；孩子的發育遲緩，智力、身材都不如同年齡的人……

獲取礦物質，最便捷有效的辦法就是與富含礦物質的食物發展友誼，讓它們回到餐桌，回到你的腸胃中去。

本書不僅給讀者提供了各種礦物質的知識、功效，以及缺乏和過量時的症狀，還因人而異列舉了補充和減少礦物質的種種科學方法，更提供給讀者每一種礦物質最佳的攝取方式。此外，本書還明確給出每種礦物質的一日攝取量，這樣你能清楚地知道應攝取多少營養才剛剛好；而最佳攝取來源更是告訴你哪些食物中含有的礦物質更豐富。

筆者以年齡、職業形態，以及依各種症狀為各類型的讀者量身打造，用輕鬆易懂的文字說明，配合簡單實用的食譜，為你精心找出每種必須元素的最佳攝取來源，讓你隨時可以輕鬆補充礦物質。

為了健康，請在第一時間搶救人體必須的礦物質吧！有了這些「無機營養素」，幸福將永遠伴隨著你。

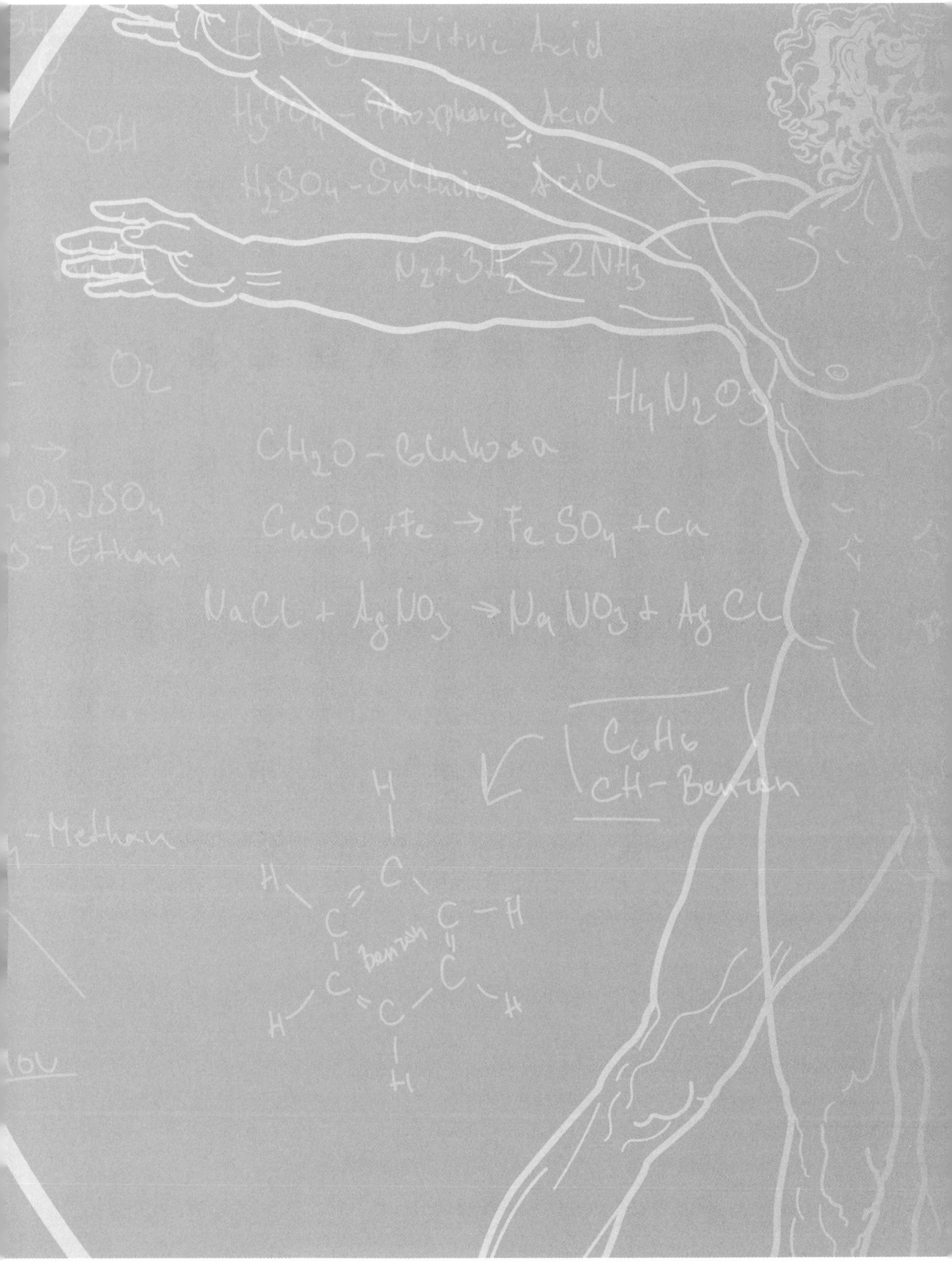

Nitric Acid
Acid
Acid
O2
CH2O - Glukosa
CuSO4 + Fe → Fe SO4 + Cu
NaCl + AgNO3 → NaNO3 + AgCl
C6H6
CH - Benzen
Ethan
Methan

Chapter 1

健康新指數

礦物質

礦物質是人體必須的元素之一，約佔人體總重量的4%，被稱為「生命元素」和「無機營養素」，是衡量健康狀況的新指數。

什麼是礦物質？

關於礦物質，營養學中的定義是這樣的：人體中以有機化合物形式存在的碳（C）、氫（H）、氧（O）、氮（N）四種元素，可以組合成碳水化合物、蛋白質、脂肪和維生素，除此之外，其他各種元素，不管以何種形式存在，含量多少，統稱為礦物質。也稱為無機化學元素、灰分或無機鹽。

人體內的礦物質有些是人體必須的，稱為必須礦物質；有些到目前為止還沒有發現它們的必須性，稱為非必須礦物質。人體對必須礦物質的需求量各不相同，分為常量礦物質和微量礦物質兩大類。

常量礦物質，也叫做巨集量元素，指的是每日需要量在100mg以上的元素，這些元素有鈣、磷、鉀、鈉、氯、鎂和硫。

微量礦物質，也叫微量元素，每日需求量很少，在100mg以下，如鐵、鋅、銅、錳、鈷、鉬、硒、碘、鉻等元素。需求量低，並不等於對人體的作用小，不管哪種微量元素缺乏或者過量，同樣會帶來嚴重後果。

現在人體普遍存在礦物質缺乏現象，較容易缺乏的礦物質主要有：鈣、鐵、鋅、碘、硒等元素。

礦物質之所以缺乏，與自身的特點有關。它們在體內不能自己產生、合成，必須從食物和飲水中攝取。進入體內後，礦物質經過新陳代謝，每天都有一定數量透過尿液、糞便、汗水，或者隨指甲、皮膚黏膜脫落排出體外，造成體內含量減少，必須不斷從膳食中重新獲得。

由於現代科技發展，天然食品中礦物質含量大幅度下降，而各種加工讓其中的礦物質大量流失，加上人們越來越愛吃精緻食物，放棄了富含礦物質的糙米、堅果、蔬菜等，使得攝取的礦物質越來越少。

要想攝取足夠礦物質，滿足身體需求，就要先瞭解礦物質來源。

①礦物質存在多種食物中，既包括穀物、蔬菜等植物性食物，也包括肉類、奶、魚蝦等動物性食物。植物生長的土壤為它們提供了豐富的礦物質；而動物依靠吃植物為生，間接地獲得了多種礦物質。人類可以從動、植物身上攝取充足的無機鹽。所以說，土壤是人體中礦物質的終極泉源。

②除了食物外，飲用水、食品添加劑也會提供一定量的礦物質。比如食鹽，就是鈉的主要來源。膳食中留意這些途徑，是維持礦物質正常的必要方法。

在人體內，礦物質的分不和功能各有側重。比如鈣和磷主要存在骨骼和牙齒中，鐵分布在紅血球，碘集中在甲狀腺，鋅更傾心於肌肉組織。同時，礦物質之間互相影響，或者具有協同作用，或者存在拮抗現象。比如鈣和磷，一旦攝取的比例不合適，會相互阻礙對方吸收；再比如過量的鎂會干擾鈣的代謝。

不管哪種礦物質，都不是多多益善，攝取過多，會引起過剩，嚴重還會發生中毒。特別是某些微量元素，在人體內需求量很少，它的生理劑量與中毒劑量的範圍又較窄，十分容易產生毒性作用。

如果想保持體內礦物質均衡，最便捷、最安全的做法就是從日常飲食入手。下面，就讓我們具體瞭解一下食物中都含有哪些礦物質，這些礦物質又是如何被人體吸收利用的。

飲食中的礦物質

日常膳食中，餐桌上豐富的肉類、蔬菜、魚蝦、水果中的礦物質含量情況如何呢？

①動物性食物富含礦物質元素，特別是動物臟腑器官，像豬肝、鴨肝含豐富的鐵；牛肉、牛肝是鋅的良好來源；雞血、鴨血含鐵豐富；豬肉、禽肉也含有較多鋅；另外，各種動物肝臟還是鉻、硒、鈷、鉬的豐富來源。

②蔬菜中富含鋅，也是鐢、鉻、錳、鎳、鎂等元素的較好來源。隨著現代科技的發展，人們可以透過施加各種礦物質肥料來改變蔬菜中微量元素含量，進而提高營養價值。

③水果分為鮮果和乾果兩類，它們都含有多種礦物質，是膳食中微量元素的補充來源。

比如柑橘類鮮果，含有豐富的鉀、鈣、鎂、硼、銅、鐵、錳，還有鋅、鉬、鈷等元素。

相關資訊

洗蔬菜、水果時不要掰成小塊，因為清水會帶走破裂細胞內的礦物質，得不償失。只要洗淨果皮、菜葉上的髒物、殘留的農藥就可以了，而且最好不要用刀「切碎」它們，切得越細，流失的營養物質就越多。

④膳食中常見的還有各種水產品，其中的海產品是許多礦物質的優良來源。如各種海藻是碘的天然補劑；蝦中富含氟；海參、海蜇是鎂的良好來源；魷魚、鮮貝中含有豐富的硒。

⑤豆類及其製品的這類食品種類較多，有大豆、蠶豆、綠豆、青豆、豌豆、豆腐、豆漿等。其中大豆、豆腐、豆漿中含有豐富的鈣、磷、鐵、鎂、銅，綠豆、青豆、豌豆中含鎂和銅較豐富。而所有豆類都會提供人體所需的鉬。

說到食物中的礦物質，不得不提及蛋和奶，它們含有的礦物質是非常全面的，比如雞蛋中幾乎涵蓋人體所需的各種微量元素。

值得注意的是，蛋類的蛋黃中含有的營養更高，其中錳和鈷的含量是蛋清的2倍；銅含量比蛋清多41%；鋅含量高出一百倍。因此提醒人們，吃蛋千萬不要忽視蛋黃，更不可棄之不食。

牛奶中含有的礦物質也非常豐富，除了富含鈣、鎂、鋅、銅、鐵外，還含有鈷、鉻、氟、鉬、鎳、錫、矽、釩等微量元素。

食用油和醣類是日常生活必須品，可以為身體提供熱能，補充體力，伴隨每個人的終生。那麼，食用油和醣類中含有礦物質嗎？如果有，怎樣才能更好地攝取吸收呢？

答案是肯定的。食用油常見的有植物油和動物油，兩者都含有鐵、錳、鋅、銅、硒等多種礦物質。

●玉米油由玉米提煉而來，含有玉米中大部分的鉻、錳和銅、鋅等。

●奶油從牛奶中分離而來，保留了大部分的鉻、錳、銅和50%的鋅。

●豬油中也含有鉻、錳、銅、鋅等礦物質。

對缺乏鉻、錳、銅、鋅的人來說，多食用玉米油、奶油、豬油，無疑是簡便易行的選擇。

醣類有多種存在形式，最為人們熟悉的是各種穀物。長久以來，中國人的膳食習慣決定一日三餐以穀物為主。大多數人知道穀物中含有澱粉，澱粉會在體內轉化為醣，卻很少有人瞭解穀物中礦物質的情況。

五穀雜糧富含礦物質：米、麵含有豐富的磷和鈣；小米、小麥、大麥、燕麥是鎂的豐富來源；燕麥片、小麥胚芽是銅的良好來源；小麥還富含硒；白米中含鐵豐富；糙米、小麥、大麥、高粱等都含有錳。

除了穀物和油類，膳食中十分重要的還有各類飲品。

俗話說，「無酒不成席」，酒在中國人的飲食生活中佔有重要地位。然而，營養學家研究發現，高濃度的酒中礦物質十分稀少，而且經常大量飲酒對健康有害無益。與之相反的是，葡萄酒、黃酒、米酒、啤酒等低濃度酒中，含有多種微量元素，如果少量飲用這些酒類，會為人體提供多種有用礦物質，促進人體健康。

現代生活中還有各種飲料，在所有飲料中，值得推薦的有果汁、豆漿、茶、咖啡。果汁和豆漿取自天然原料，原料中含有多種礦物質，是飲料中獲得微量元素的一個管道。值得一提的是各種茶，其中富含多種微量元素，是鎂、氟、鉀、銅、鎳等的豐富來源。需要留意的是咖啡，其中含有豐富的鎂。

隨著生活水準提高，人們對飲用水也越來越關注，與之呼應的是出現了五花八門的礦泉水。真正的礦泉水是礦物質的寶庫，這種水經過地層過濾後，流經地殼岩石和土層，溶解了較多種類的礦物質。但是，這些礦物質並不都是有益的，其中也含有對人體有害的元素。為此，礦泉水所含有的各類有害元素必須低於一定標準才能飲用。

人體必須的「生命元素」

礦物質存在各種食物中，與人類健康息息相關。可是說起它的由來，以及人們對它的認識，卻有一個相當漫長的過程。

相關資訊

礦物質存在於身體組織中，含量很少，在技術水準落後的過去，很難檢測得到，故此長期以來人們並沒有發覺到它與人體的關係。直到十八世紀才用科學方法證實鐵是血液的主要成分。鐵元素也因此成為了人類最早發現的必須礦物質。

十八世紀以後，隨著科學檢測技術不斷提高，人們相繼發現了碘等礦物質，到二十世紀60年代，人們已經認識了九種人體必須礦物質，並對礦物質在生命活動中的意義、生理功能、代謝過程、缺乏症和中毒症等，都有了詳細的瞭解。特別是70年代後，在檢測手法進一步發展的情況下，人們對微量元素的認識逐步加深，此時，錫、釩、氟、矽和鎳相繼被發現，並被視為人體必須元素。

在對礦物質不斷發現的過程中，人們深刻地意識到這些元素對人體健康的重要性：

①礦物質參與人體組織的構成，比如鈣、磷、鎂是組成骨骼、牙齒的主要成分；沒有

鐵，就無法合成血紅蛋白等。

②礦物質對細胞膜的通透性有著調節功能，此功能可以左右細胞的滲透壓，進而影響體內酸鹼平衡。

③礦物質在維持神經和肌肉的興奮性上也有著重要作用，比如正常神經衝動，必須透過鈣的傳遞才能完成；肌肉的收縮和舒張，離開鈣、鎂、鉀，也無法做到。

從上述生理功能來看，礦物質在人體內扮演著傳媒的角色，可以更好地維持身體健康運行。所以，膳食中重視礦物質攝取，維持礦物質正常發揮作用，是不容忽視的。然而，重視礦物質營養，並不等於誇大它的作用，也不等於說任何情況下都必須補充礦物質。

礦物質與所有物質一樣，也具有兩面性，缺乏會造成危害，過量也會帶來嚴重後果。人體是個有機體，只有各種元素處於均衡狀況下，才會正常運行。礦物質做為人體內含量較少的元素，生理需求量很少，也很固定，大多數礦物質在體內的安全範圍比較窄，稍不留意就會造成過多或者過少，引起一些不良甚至致命反應。比如缺鐵會引起貧血，適當補充有利於治療，但是如果補鐵過量，就會對胰腺、性腺產生影響，造成危害。

因此，要想維持體內礦物質正常劑量，維持身體健康運行，在膳食中一定要留意各種礦物質的情況，對它們的特點、劑量範圍和毒副作用有所瞭解。

對不同人群來說，礦物質需求情況差異很大。比如青少年處於身體快速生長期，所需各種礦物質較多，容易使某些礦物質缺乏，進而影響身體正常發育。這時，就需要適當、即時地補充足量的礦物質；再如老年人，隨著組織生理功能衰退，許多礦物質流失嚴重，如果進行針對性的補充，對身體健康很有好處。

兒童與少年和礦物質

任何礦物質都不能在體內合成，必須透過飲食來補充，這一點對兒童與少年來說也不例外。對處於生長發育高速期的兒童與少年來說，對各種營養素的需求都很大，礦物質也在其列。

由於膳食結構不夠合理，兒童與少年礦物質缺乏狀況日益突出。據調查，各國兒童缺乏礦物質的情況都比較明顯，因各地飲食習慣不同，缺乏礦物質的情況又有所區別。比如中東、亞洲各國兒童，缺鋅非常明顯；美國兒童缺鐵比較普遍；在台灣，兒童與少年最容易缺乏的礦物質為鋅、鈣、鐵。

缺少礦物質會影響兒童與少年的生長發育：缺鋅可引起小孩生長發育遲緩，食慾不振，厭食，好動，智力發育不良，容易發生感冒；缺鈣可致骨質軟化，出現「O型腿」，身材矮小；缺鐵會引起缺鐵性貧血，使孩子精神委靡，嘴唇、指甲蒼白，反應遲鈍，記憶力減退，容易反覆感染；缺碘會讓孩子生長停滯，智力、聽力發育障礙……

看到這些症狀，也許家長們會非常擔心，恨不得立即為自己的孩子補充各種礦物質。實際上，只要為孩子提供合理膳食，培養孩子不挑食的習慣，就可以杜絕缺少各種礦物質的情況。

①每種食物中含有的礦物質成分不同，側重點也有區別，要想滿足孩子生長發育的需求，食物越豐富越好，像奶類、瘦肉、魚、蛋、動物肝臟、豆類以及蔬菜、水果、海產品等，都要全方位涉及，不要偏食、挑食。

②根據孩子已經表現出來的問題，科學地安排飲食。孩子是否缺乏某種礦物質，最直觀的反應就是他的各種行為舉止，細心的家長可以由此判斷出孩子缺少礦物質的情況，並做出一定的飲食改善方案。

- 透過添加動物肝臟、血製品，花生、大豆、奶類等食物，可以改善孩子缺鋅的症狀。
- 每天為孩子準備兩杯牛奶，還有蝦皮、豆類等富鈣食物，會讓孩子不再受缺鈣困擾。
- 餐桌上增加富含鐵的精肉、菠菜、黑木耳，可為孩子補充足夠的鐵元素。

③最好不要與礦物質保健品發展友誼。市場上有多種微量元素的複合製劑，有些父母為了安心，認為孩子吃這類藥丸，可以一吃多補。但是，這種做法是不科學的。體內任何元素都不可過量，複合製劑中的元素較多，缺少針對性，盲目服用會導致某些元素過量，而且彼此之間互相影響，阻礙有用元素吸收。

另外，一些單品藥丸也要當心，只有孩子確診缺乏某種礦物質時才可服用，並且最好在醫生指導下進行。

中年男人最需要的礦物質

有人說「男人四十一枝花」，意思是男人步入中年後，事業有成，精力旺盛，是家庭的支柱，社會的中堅分子，一手掌舵事業的方向，一手收穫生活百味，可謂黃金歲月。殊不知，在表面的繁榮之下卻隱藏著極大的危機，這就是中年男人們的身體開始「滑坡」，逐漸出現一些由盛而衰的生理變化。他們大腹便便，常常感到腰痠背痛；他們記憶力減退，時常記不起老婆的生日；他們夜尿次數增多，性慾減退，輾轉難以入眠；他們稍一運動就會氣喘吁吁，肌肉彷彿「生鏽」一般……諸多的變化讓許多中年男人產生一些生理危機感，由此影響到生活和工作品質。

「危機」是否可以消除和減輕呢？營養學家們的研究證明：礦物質的攝取對此影響甚大。

對於現代社會的中年男人來說，最需要的礦物質有四種：鉻、鎂、鋅、硼。

①鉻可以為中年男人降低膽固醇含量，增加耐力、增長肌肉、減少脂肪。如果鉻的攝取量每天維持在0.050mg以上，會減少心腦血管、肝臟等病變的危害。餐桌上經常有粗糧，就會維持鉻的攝取量，因為食品加工越精細，鉻的含量就越少。此外，葡萄素有「鉻庫」之稱，每天一串葡萄，或者多吃葡萄乾，也可以補充足量的鉻。

②鎂在調節心臟跳動方面發揮著十分重要的作用。如果每天鎂的攝取量不足350mg，就會有心臟病、高血壓發生的危險，還會影響男性生殖能力，降低精子的活力。綠葉食物是鎂的主要來源，堅果、海產品中也含有豐富的鎂。令很多人想不到的是，硬水也是鎂的來源之一，因此只要多喝硬水，而非純淨水，就可以輕鬆補充鎂。

③鋅對中年男人來說，意義非同一般，人體內有足夠的鋅才能保持性慾旺盛，性功能和生殖能力健康正常，因此鋅又被稱為男人的「性元素」。建議中年男人每天攝取15mg的鋅，不過該劑量是針對運動量較大的男性，一般情況下只需服用該劑量的2／3就可以了。含鋅的食物主要有瘦豬、牛肉。其他食物如火雞、海產品、麥片、豆類、粗糧、雞蛋、蘑菇中鋅的含量也很多，是鋅的良好來源。

④硼是前列腺的保護神之一。前列腺是男性生殖系統的重要器官，然而，人到中年，前列腺疾病便接踵而至。為了保護前列腺，預防多種疾病發生，攝取足夠的硼是簡便易行的方法。硼廣泛存在於黃豆、葡萄乾、杏仁、花生、榛子、棗、葡萄酒、蜂蜜、酒類中，可惜的是它們的硼含量一般都較低，很難滿足中年人需求。

下面這兩種特殊食品值得推薦：香草冰淇淋和南瓜子。

一杯香草冰淇淋中約含0.025mg硼，而一把南瓜子（50g左右）中硼的含量與之相當，建議中年男人不妨多注意這兩種食品，並經常食用。

孕期合理補充礦物質

孕期是十分注意營養攝取的階段，特別是懷孕早期，如果不注意營養攝取，很容易出現貧血、小腿抽搐、易出汗、易驚醒等情況。這時如果不即時補充礦物質，會增加胎兒先天性疾病的發病機率。

那麼孕期最容易缺乏哪些礦物質，又該如何進行合理補充呢？

孕期最易缺乏的礦物質有鐵、鈣、碘等。為了補充這些物質，孕婦在餐桌上必須注意以下幾點：

①適當增加魚和肉類的攝取。魚和肉類中含有豐富的鐵，這種鐵易消化吸收，還能幫助植物性食品中鐵的吸收。同時，孕婦可多吃些富含維生素C的蔬菜、水果，因為維生素C能增加鐵的吸收。

②多吃富鈣的食物，如牛奶、豆製品、蝦皮、綠葉菜、硬果類、芝麻醬等。

相關資訊

孕期血液吸收鈣的能力增強，因此孕婦盡量不要服用鈣片和維生素D，以免血鈣過高，影響胎兒智力發育。

③多吃富含碘的食物，如海帶、紫菜、海蜇、海蝦等，能維持胎兒的正常發育。

隨著胎兒發育迅速，到了孕中晚期，孕婦食慾增加，這時雖然需求量大增，但是只要合理調配食物，一般不會影響各種微量元素的攝取。

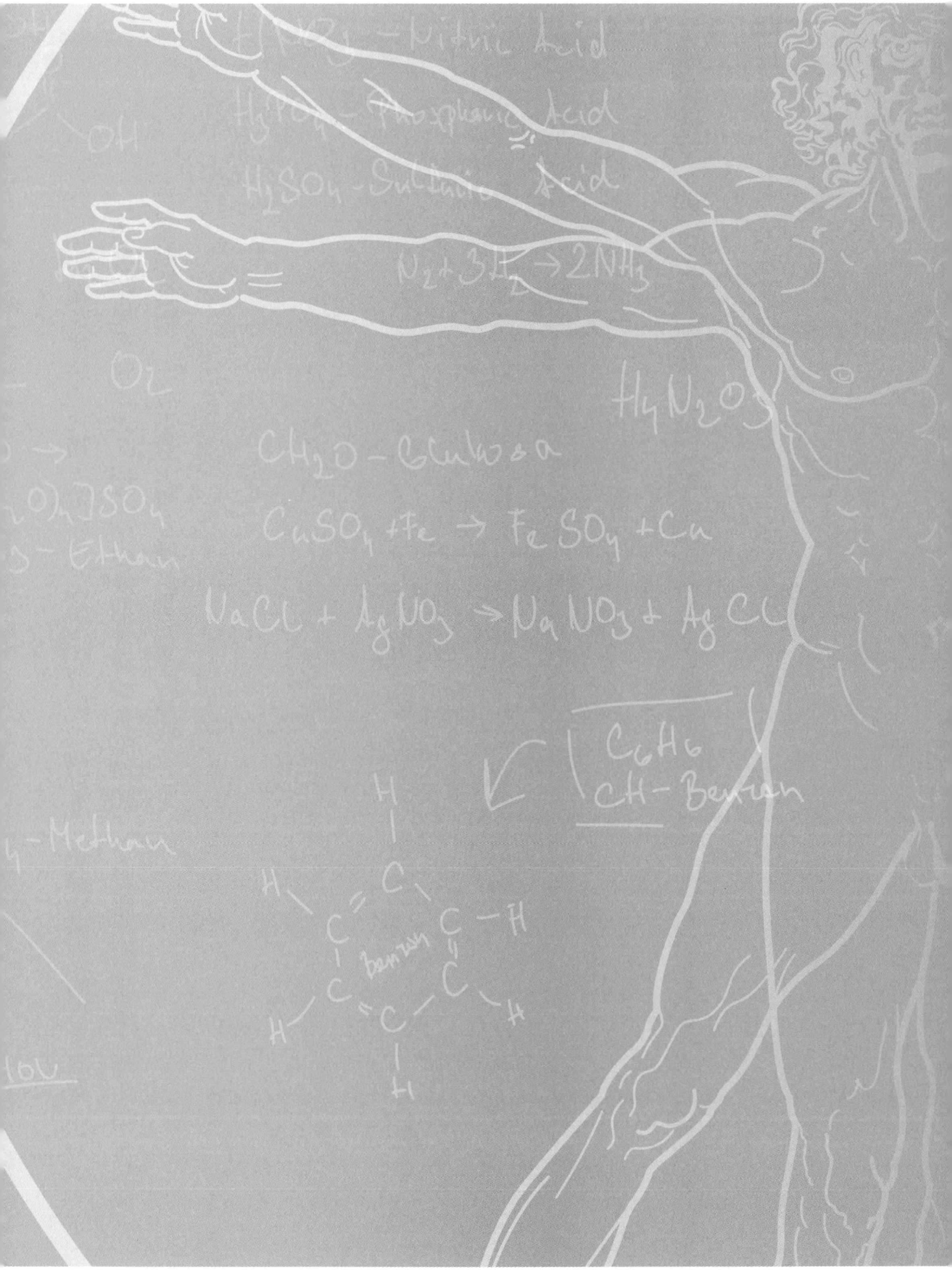
H₂SO₄ - Sulfuric Acid
N₂ + 3H₂ → 2NH₃
O₂
CH₂O - Glukosa
CuSO₄ + Fe → FeSO₄ + Cu
NaCl + AgNO₃ → NaNO₃ + AgCl
C₆H₆
CH - Benzen
Benzen

Chapter 2

鈣

構築牙齒和骨骼的「鋼筋混凝土」

人體是一個有機的生命體，處於不斷的新陳代謝中。在這一過程中，鈣發揮著重要作用。

鈣約佔體重的2%，是除去氫、氧、碳、氮外，身體含量最多的礦物質元素，其中99%分布在骨骼和牙齒中，1%分布在血液、細胞間液及軟組織中。

1、鈣做為人體骨骼和牙齒的主要組成成分，是骨骼代謝的物質基礎。

相關資訊

在人們的眼中，骨骼是穩固的、不變的，實際情況並非如此，骨骼是活的，在它表面細胞不斷吸收鈣，製造新的骨組織；而骨骼中的舊組織不斷被破壞掉。

人的一生都離不開鈣，從嬰幼兒時期開始，骨骼的發育需要大量鈣，才能維持不停的增長。直到20歲左右，骨骼基本停止生長，仍需要大量鈣沉積，讓骨質變得結實。30歲時，骨骼不再發育，喪失的鈣卻急遽增多，使骨質減少，這時如果沒有足量的鈣供應，最終會導致骨質疏鬆。

在整個生命過程中，缺鈣都會給骨骼發育帶來嚴重的影響。1歲以前兒童缺鈣將導致發育遲緩，發育不良，諸如長牙晚、學步晚、雞胸等；12～14歲少年缺鈣會出現身材矮小、生長痛；40歲以後骨鈣逐漸流失，沒有充足的鈣來源，則導致駝背、骨質疏鬆和骨質增生。

2、鈣在維持人體其他代謝方面，也有著不可替代的作用。

1%分布在血液、細胞間液及軟組織中的鈣，能夠調節血液酸鹼平衡，維持微血管的通透性；鈣缺乏時，人體容易過敏、水腫，就是這一功能降低的結果。

鈣有啟動各種酶的能力，其中啟動凝血酶，可以促進凝血，讓傷口早日癒合。

鈣能維持軟組織的彈性和韌性，降低神經細胞的興奮性；如果缺鈣，皮膚彈性會降低，變得鬆垮衰老；眼睛的晶狀體缺彈性，容易近視、老花；血管缺彈性易硬化。

如果缺鈣，會導致神經性偏頭痛、煩躁不安、失眠。嬰兒出現的夜驚、夜啼、盜汗，大多是缺鈣引起的。兒童的過動症也多由缺鈣誘發的。

鈣還對肌肉神經有作用，當血鈣降低時，神經肌肉的興奮性升高，就會出現抽搐。生活中，腸易激綜合症、女孩子痛經，正是缺鈣的典型表現。

正常人體的血液中，鈣濃度是恆定的。當攝取的鈣不足時，人體會動用骨骼中儲存的鈣，造成骨骼鈣損耗，影響骨質。

那麼，在生活中哪些人群需要補鈣？補鈣又有什麼具體講究呢？

測一測：你有這樣的行為嗎？

你有沒有說話速度極快，吃飯時狼吞虎嚥的習慣？

也許你認為這與健康無關緊要，事實恰恰相反，當你說話速度過快時，會讓空氣經由喉嚨進入胃部；快速吃飯時也會吞嚥下大量空氣。胃裡的空氣多了，會很不舒服，讓人產生消化不良的感覺，於是為了排出這些氣體，你用蘇打水或者鹼性食品中和胃液。這樣的話，問題來了，鹼性環境下食物中的鈣無法溶解，缺鈣隨之產生。

你有沒有時常感到自己精神緊張、脾氣暴躁，並伴隨著失眠？或者你常常莫名其妙地抽筋、肌肉緊縮，甚至出現痙攣現象？

這時，你也許會懷疑自己得了什麼疾病，也許會懷疑神經出現了問題，其實不然，這是由於體內鈣含量過低造成的。

鈣是一劑優良的鎮靜劑，有助於神經刺激的傳達，當鈣不足時，神經自然會變得緊張，使人開始出現種種不適和煩惱。

鈣還是一劑有效的鎮痛劑。血液中鈣有刺激肌肉收縮功能，含量太低時，肌肉收縮障礙，可能會產生痙攣，引起疼痛；任何部位的肌肉都可能會抽筋或痙攣，腿部抽筋是最常見的。

幸運的是，出現上述狀況時，體內缺鈣問題並不嚴重。如果能夠即時改善不良習慣，並透過膳食補充足量的鈣，很快就會改善症狀，恢復正常。

然而，也許除了上述不適外，你還時常感到腰痠背痛、渾身無力、易感冒；發現自己的皮膚彈性降低，顯得鬆垮、衰老，或者視力下降，眼睛易疲勞；不小心碰破皮膚，傷口也不易癒合……這些狀況都在傳達一個重要訊息：身體正在遭受缺鈣的威脅，忍受缺鈣的摧殘。趕緊補鈣，充分補鈣，讓身體恢復正常狀態，已經是刻不容緩的事情。

哪些人群應補鈣？

實際上，任何人都有可能發生缺鈣問題。但是相對健康的成人而言，以下幾類人群更需要補鈣。

①兒童，兒童處於生長發育旺盛期，骨骼鈣沉積大於釋放，為了維持骨骼正常生長，鈣需求量較大。由於他們年幼，飯量少，或者喜歡偏食，很難進食足夠的鈣，也就很容易發生缺鈣問題。進而出現相關症狀：經常哭鬧、煩躁不安、不易入睡、早醒、出汗多；甚至出現佝僂病、「O」型腿、「雞胸」、囟門閉合延遲、長牙晚、齲齒等病變；影響身材發育，出現骨骼變形等。

不同年齡層兒童的鈣需求量如下：

年齡	0～6個月	7～12個月	1～4歲	5～11歲
每日補鈣量	300mg	400mg	600mg	800mg

②青少年，進入青春期，是繼嬰兒期之後的第二個「生長突增期」，突出表現為身高的快速增長，以及骨骼鈣的大量沉積。這時如果鈣攝取不足，不但影響身體發育，造成身材矮小、體型異常，還會影響身體其他系統組織的正常發育。特別是女性，伴隨著生理週期的到來，體內鈣含量減少，不但影響到情緒，還時常造成子宮壁肌肉痙攣。這種情況對少女來說尤為嚴重，痛經往往讓她們難以忍受。對付月經性痙攣，最好的辦法就是補充足量的鈣，維持血鈣正常濃度，進而緩解緊張和痙攣。青少年是鈣需求量最大的人群，根據美國醫學科學院制訂的標準，青少年時期每天要攝取 1300mg 鈣，才能維持身體的需要。

③更年期女性，從四十歲前後開始，女性體內的鈣「支出」大於「收入」，隨著更年期到來，卵巢分泌激素急遽減少，骨鈣被溶解，脫離骨骼的速度會更快，很容易出現嚴重缺鈣症狀。具體徵狀為暴躁、燥熱、盜汗、腿部抽筋、情緒沮喪等等。因此，女性此時就應該開始補鈣，既能防治更年期症狀，對預防骨質疏鬆症也大有益處。更年期

女性的日需鈣量為1200mg左右。

④老年人，老年人也是需要補鈣的重要人群。隨著年齡的增長，身體內骨質流失越來越多，最終無法支撐身體的重量，很容易發生骨折。據調查，大約一半的老人面臨這種危險，特別是女性，80％以上會發生骨質疏鬆症。每日鈣的攝取量保持在1200mg，就能滿足老年人身體所需。

⑤特殊人群，還有一組人群需要注意補鈣問題，他們就是患有某種疾病的患者。如糖尿病人、癲癇患者、高血壓患者、氣管炎病人，以及腎病患者等。

胰島素具有刺激骨膠原蛋白形成的作用，而糖尿病患者血液中的胰島素量很低，自然會造成鈣吸收障礙。若不注意補鈣會使糖尿病久治不癒。

補鈣會發揮良好的降壓作用，對高血壓很有幫助；另外，足量鈣會增強食慾，有利睡眠，改善胸悶，減輕肺部雜音等症狀，也是氣管炎患者的福音。

癲癇、腎病患者都是長期服藥的人群，前者服用的抗癲癇藥能夠降低體內血鈣水，如果補鈣不即時、不充足，會形成佝僂病、軟骨病；後者一般需要長期服用激素類藥物，對血鈣刺激很大，當鈣攝取不足時，會容易引起骨折、股骨頭壞死等。

不管哪些人群，不管是什麼原因引起缺鈣，要想補鈣，最好的辦法就是食補。一日三餐進食富鈣的食品，自然會增加鈣攝取量。

如何促進鈣的吸收？

在日常生活中，含鈣豐富的食物很多。

●乳類和乳製品是鈣最豐富的來源。牛奶、羊奶，以及用它們製造的各種奶粉、乳酪、優酪乳，都含有充足的鈣。

●海產品、豆類與豆製品、各種肉類、蛋黃中富含鈣質。如黃豆、蠶豆、豆腐、蝦皮、海帶、豬牛羊肉、動物骨頭、雞鴨蛋黃等食物中，鈣含量豐富。

●各種蔬菜，如黑木耳、雪裡紅、蘑菇也是鈣的良好來源。

●部分水果和乾果也是鈣的來源之一，蘋果、南瓜子、花生、蓮子等，都是很好的補鈣食品。

●特別推薦的是芝麻，芝麻常常被製作成芝麻醬，芝麻醬含鈣量很高，可以簡單方便地提供充足的鈣。

選擇富含鈣的食品，一定能增加鈣的攝取量，但是鈣並不能直接進入血液，必須先由胃酸加以溶解，才能透過腸壁進入血液中。因此，要想讓吃進去的鈣發揮應有的作用，必須促進鈣的吸收。

①乳糖可以促進鈣吸收，由於乳糖在腸中細菌作用下可分解成乳酸，乳酸和鈣能形成低

分子可溶性絡合物，易於鈣吸收。要想獲得乳糖，飲用牛奶是個好辦法。

②蛋白質供養充足，可促進鈣吸收蛋白質消化分解為氨基酸，尤其是賴氨酸和精氨酸後，與鈣形成可溶性鈣鹽，利於鈣的吸收。蛋白質存在各種肉類、蛋、奶、魚和豆類食品中，膳食中可適當增加這類食物。但是過量的蛋白質攝取，則增加尿鈣排出，不利於鈣的利用。

③維生素D能促進鈣在腸道的吸收，維生素D在腸道內轉化為維生素D3，可以作用於小腸黏膜細胞，促進鈣結合蛋白的合成。獲得維生素D有兩個途徑：膳食和日曬。膳食中富含維生素D的食物不多，除了魚肝油、雞蛋黃、奶油、動物肝臟、奶類之外，其他食物特別是植物性食物，幾乎不含維生素D。

相關資訊

香菇是含有維生素D的特殊食物，每克含40國際單位。不過，要想得到這40國際單位維生素D，可有很多麻煩。因為香菇必須經室外陽光照曬，才會提供維生素D。如果香菇長期存放，缺乏日曬，其中的維生素D會逐日減少。所以，香菇在存放一個月後，必須重複照曬。

想獲得維生素D，曬太陽無疑是簡便又易行的方法。人的皮膚中含有7—脫氫膽固醇，在陽光照射下會轉變為維生素D。平均每天曬20分鐘太陽，就可以維持體內維生素D的需求量。

Q&A

【問答現場】

問：我很忙，早上出門時，太陽還沒升起來，晚上回家時，太陽也已下山了，怎麼辦？

答：可以用週末的時間補充，補充到平均每天20分鐘的量，因為皮膚合成的維生素D會儲存在脂肪、肝臟中，以備每天慢慢釋放。

④酸性介質有利於鈣的吸收，酸性介質會使腸道保持酸性環境，較低的PH值可保持鈣的溶解狀態，有利於鈣吸收。膳食中，醋是良好的酸性介質。因為醋與食物中的鈣能產生化學反應，生成既溶於水又容易被人吸收的醋酸鈣。日常生活中，人們常常用骨頭湯補鈣，認為骨頭湯含鈣高，可是一般方法燉的骨頭湯含鈣量比較低，不能滿足人體的需要。如果在骨頭湯中加醋，用火慢燉，直到骨頭變軟，表明所含的鈣已經全部溶解到湯中，這種湯料的鈣含量與牛奶相近，可以直接食用，也可以代替水或其他烹調湯燒菜，增加鈣攝取量。

⑤運動可以促進鈣的吸收，適宜運動一方面會使人的食慾增強、促進腸胃蠕動和增進消化功能，提高對鈣等營養物質的吸收率，促進骨骼的鈣化。另一方面，運動能促進骨皮質的血流量增快，帶來更多鈣離子，同時也讓蝕骨細胞更容易轉變為成骨細胞，使骨骼更健壯。

補鈣的學問講究多

鈣就像我們平日吃的鹽，每個人一生中的各階段都要不斷地攝取，那麼，它可不可以像鹽一樣，可以單獨補充，而不是非要透過食物呢？

單純的膳食補鈣受到多方面因素影響，很難滿足人體需要，這時，藥丸補鈣就成了一個最簡便易行的途徑。當然，服用藥物補鈣，也需要注意一些問題。

①吃藥丸要選擇好時機，不宜集中在一個時間。大多數人都喜歡在早晨喝牛奶、豆漿等，這些富鈣食品，會讓身體內的血鈣水準升高。所以，早晨不必吃藥丸。0點以後，人體內血鈣降低，直到第二天凌晨，血鈣達到最低值。這時如果體內缺乏鈣，就容易出現腿部抽筋等症狀。為了防止這種情況出現，最好在晚餐後吃藥丸，吸收效果最佳，能維持夜間需求。

②連續不斷地吃藥丸，效果並不好。可以吃十幾天後，停5～7天，或者連續吃3～4天後，停1～2天。這樣，會刺激身體吸收能力，保持鈣需求。

③吃藥丸必須根據個人情況，隨時留意鈣的攝取量。一般來說，健康成人如果每天補鈣在2000mg以內，是安全的。

補鈣快捷方式

鈣在人體內經過代謝，最終透過尿液排出體外。但是決定鈣排出量的主要因素是飲食中鈉的攝取量。

鈉做為人體必須礦物質之一，與鈣在腎小管內的重吸收過程會發生競爭，當鈉含量高時，會阻礙鈣的吸收。這樣一來，無法被吸收的鈣只有透過尿液排出，形成尿鈣。尿鈣流失量很大，約為鈣瀦留的50％。

尿鈣的流失與鈉的攝取量成正比，即鈉的攝取量越多，尿中鈣的排出量也越多，也就等於鈉的攝取量越多，鈣的吸收越差。

從這一分析來看，我們完全可以這樣說：少攝取鈉，就是多補鈣。研究結果也證實了這一點，只要日常飲食中控制鈉的攝取量，就等於補充900mg鈣。如此算來，健康成人每天鈣需求量為800～1000mg，只要少攝取鈉，就會達到這一目的。

鈉主要存在食鹽中，要想降低鈉的攝取量，最簡便快捷的方法就是少吃鹽。按照世界衛生組織推薦的標準，每天吃鹽以5g為宜，約等於1小湯匙；5g鹽中約含有2000mg鈉。

補鈣多年為何仍缺鈣？

儘管很多人都注意到補鈣問題，並付諸行動，可是現實生活中還是常常聽到有人抱怨：「怎麼年年補鈣，還是缺鈣？」實際上，補鈣的關鍵並非在於吃進去多少鈣，而在於鈣能否充分吸收。

前面說過，鈣吸收取決於鈣在腸道中的溶解度。鈣只有溶解，不被其他物質結合或沉澱，才能被吸收。由於膳食習慣的影響，大多數台灣人大多飲食仍以穀類和蔬菜為主，約佔食物的90％左右。穀類中含有大量植酸，蔬菜中含有大量纖維質，植酸和纖維質可以與鈣結合成難溶解的鈣鹽，進而阻礙鈣的吸收。

由此我們得出這樣的結論，膳食中過多的穀類和蔬菜是阻礙鈣吸收的第一要素，也是導致台灣90％的人終生處於鈣飢餓狀態的罪魁禍首。看到這一結果，也許有人會說：「既然穀類和蔬菜影響鈣吸收，多吃肉類肯定會促進鈣的吸收嘍！」這一說法也是片面的，膳食中過多的脂肪或脂肪消化不良時，會產生有機酸，可與鈣結合成鈣皂，透過糞便排出。

①鈣磷比例失調，鈣、磷及維生素D是相互依存、相互作用的。飲食中若攝取過量的磷，鈣便會隨尿液流失。建議磷的攝取量最好不要超過鈣的2倍。可是實際情況是，

人們攝取的磷常超過10倍以上。這是因為肉類、穀物、蔬菜和水果中都含有磷。另一方面，磷過低時，身體攝取磷不足，這時即便有充足的鈣，也難以被吸收利用。牛奶是阻止鈣磷比例失調的好幫手，食用大量牛奶、奶油、酸乳酪等乳製品的人，很少受到鈣磷比例失調的困擾。

②不良習慣的影響。吸菸、喝酒、常喝碳酸飲料，能造成人體酸性化，使人體中的鈣流失；碳酸飲料中還含有磷酸，可造成體內鈣磷比例失調，直接阻止鈣的吸收。常喝濃茶者，茶水中含有茶鹼，會阻止人體對鈣的吸收。常喝咖啡者，咖啡能促使體內鈣的流失，使尿鈣排出增多。

③其他因素。藥物對鈣的吸收也有影響，如多價磷酸鹽、青黴胺、避孕藥等，能與鈣結合形成難溶性複合物，影響吸收。各種激素，如甲狀腺激素、腎上腺皮質激素等均不利於鈣的吸收。

另外，特殊的生理、病理需求期也會出現鈣吸收阻礙情況。如更年期婦女，糖尿病人，都屬於這一情況。

總之，補鈣受到多方因素影響，「多年補鈣仍缺鈣」的尷尬局面總是不可避免，要想杜絕這一現象，還需要在膳食中下工夫，做到經常化。

除了飲食習慣外，阻礙鈣吸收的因素還有很多，如前面說過的維生素D問題，運動問題等，另外，鈣磷比例失調、不良習性等，也是導致鈣無法吸收的因素。

膳食補鈣要經常化

很多人都知道膳食補鈣的好處，卻很難達到想要的目的，造成補鈣有始無終，影響鈣吸收。只有將膳食補鈣當作日常行為，做到經常化，堅持不懈，才能收到理想的效果。

①葷素搭配，提高鈣的利用率。蛋白質有利於鈣吸收，但是過量攝取，會引起身體酸鹼不平衡，導致鈣的大量流失。植物性食物中的草酸阻礙鈣吸收，但是其中的維生素C卻會促進鈣吸收。

②睡前飯後喝牛奶。鈣透過尿液排出體外，夜間入睡後空腹排出的尿鈣，幾乎完全來自骨骼。所以，飲用牛奶補鈣最好在睡前，這樣不但可以提供豐富的鈣，還能改善睡眠。牛奶進入腸道後，在餐後3～5小時完成吸收，因此最好不要在空腹時飲用。

補鈣食譜

豆腐燉魚：豆腐是眾所周知的富鈣食品，魚肉中除了含鈣外，還有一定量的維生素D，兩者搭配食用，無疑會大大促進鈣吸收和利用。

③牛奶和乳製品不能做為每天必備的主食。儘管牛奶是最好的鈣來源，但是其中含有過多不飽和脂肪酸及膽固醇。我們平時飲用的牛奶，往往經過低溫殺菌及同質化處理等手續，加入合成的維生素D，這樣的食品一般人很難有效地消化牛奶。所以，服用牛奶的同時，日常膳食中必須保持足夠的綠色蔬菜、水果及含鈣較多的食品，如蝦皮、骨頭湯。

相關資訊

日本人喜歡的味噌湯，是富鈣食譜之一。湯中有豆腐、小魚乾和海帶，都是含鈣豐富的食物，經常食用，會讓人的骨頭強壯結實。所以，味噌湯又名「長壽湯」。

補鈣的湯類還有很多，髮菜豆腐羹或紫菜蛋花湯都是不錯的選擇，不妨經常食用。

④補鈣不補鎂，吃了會後悔。鈣與鎂的比例為2:1時，最利於鈣的吸收。如果攝取鎂不足，鈣的吸收也不充分。含鎂豐富的食物有杏仁、花生、海產品、穀物等，所以多樣化飲食是必要的。多樣化飲食，還要注意穀物和豆類搭配食用。穀物和豆類混食，能使氨基酸互補達到最理想化，促進鈣的吸收。

⑤日常生活中，可以減少鈣損耗的細節很多。加熱牛奶時，如果不停地攪拌，會造成鈣流失。蔬菜、水果放久了，其中的維生素C會大量流失，對鈣吸收不利。因此最好食用新鮮的蔬菜、水果。烹飪方法不當，也會浪費很多鈣質。所以，菜不要切得太碎太細，炒菜時要多加水，烹調時間不要太長，都是維持鈣質和維生素C不被破壞流失的方法。

食用菠菜、茭白筍和韭菜時，先用熱水浸泡一下，會去除草酸，利於鈣吸收。

結石患者也需補鈣

長期以來，人們普遍認為身體攝取過多的鈣，會引起鈣在體內沉積，導致各種結石發生。這是因為結石的主要成分都是不溶性鈣鹽。因此，患有結石的病人常常被告知少吃含鈣多的食品，以利於預防和治療結石。

然而，真實情況並非如此，結石不是體內過多的鈣導致的，而是鈣代謝紊亂的結果。當身體內鈣攝取不足時，身體經常處於一種缺鈣狀態。這時，人體血液中的鈣過低，無法維持各種生理功能正常運行，於是不得不動用「骨庫」中儲存的鈣。鈣代謝因此發生紊亂，這就是醫學說的「血鈣自穩定系統失調」。

鈣的異常遷徙，使得骨骼中鈣減少，容易引發骨質疏鬆、骨質增生、結石、動脈硬化等各種疾病。

看來，治療結石的根本在於補鈣，只有刺激血鈣自穩定系統恢復平衡，才能最終達到降低血鈣與軟組織鈣的含量，增加骨鈣的目的。

結石病人補鈣，有以下幾點需要注意：

①注意大量飲水，多喝水可使尿中的鹽類代謝加快，防止草酸鈣結石形成。每天至少喝3000ml的水。

②少吃豆製品、番茄、菠菜、草莓、甜菜、巧克力等含草酸、磷酸鹽高的食品。草酸鹽和磷酸鹽能和腎臟中的鈣融合，形成結石，是導致腎結石的主要原因之一。如果吃這些食品時，必須先用開水燙一下，除去其中的草酸和磷酸鹽。

③睡前慎喝牛奶。睡眠後，尿量減少、濃縮，此時尿中各種有形物質會不斷增加。如果睡前喝了牛奶，鈣到達腎臟時，正趕上腎臟排泄高峰，鈣驟然增多，很容易形成結石。因此，腎結石患者睡前不能喝牛奶，尤其不應喝含鈣高的牛奶。

④鈣劑和維生素D不可同時服用。做為補鈣的最佳搭檔，維生素D會促進腸膜對鈣、磷吸收，引起尿液中排泄的鈣、磷迅速增多，這種情況下，沉澱很容易產生，結石的風險增大。

給嬰兒補鈣當注意什麼？

嬰兒是補鈣的重點人群，可是父母們還是有很多擔心，不知道究竟該如何為自己的寶寶補鈣。

Q&A

【問答現場】

問：我的寶寶很喜歡喝牛奶，每天喝的量都夠多了，怎麼還是出現了缺鈣症狀？

答：牛奶中的鈣磷比例為1.2：1，與嬰兒的生理需求不符，會阻礙腸壁對鈣的吸收。因此，在給寶寶喝牛奶時，最好還要結合其他食物。

日本做過一項研究，一個寶寶每天喝500ml牛奶時，可以補充600mg鈣。要想讓這些鈣全部吸收利用，必須同時吃一些蛋類、蔬菜、麵包等。

可是問題是很多孩子可能不愛喝牛奶，或者對牛奶過敏，喝了不能消化吸收，這時該怎麼辦呢？

換個吃法或選擇其他高鈣食物，未嘗不是一種變通之法。

①牛奶經過蒸煮後，會降低過敏人群的不適。因此用低脂奶粉取代麵粉，用牛奶取代

水，可以做出很多好吃又營養的食品，滿足寶寶鈣需求。比如蒸蛋時，加入牛奶代替水，做出的蒸蛋口感更滑嫩，寶寶更愛吃。選擇低脂乳酪粉加入蔬菜或水果沙拉中，也可以將乳酪粉與番茄醬、醋酸調製成蘸料，都會為寶寶帶來全新的感覺和更多鈣質。

②透過各種添加佐料的方式，對增加鈣質很有用。例如大家都知道蛋殼中富含鈣，可是誰能吃蛋殼呢？我們不妨將蛋殼浸泡醋中，幾分鐘後，蛋殼不見了，只剩下一杯含有1800mg鈣的醋酸溶液。用這種醋酸溶液做湯，可以蒸魚、可以拌飯、可以做很多食物的調味料，都會在不知不覺中提供無比豐富的鈣。

當然，儘管父母做了很多努力，但是還有不少孩子無法從膳食中獲得足量的鈣，這時，藥丸就是最後選擇了。

寶寶補藥丸，也有特別注意的地方：奶和乳製品中脂肪酸豐富，可與鈣結合，影響鈣吸收，所以，寶寶吃藥丸時，最好在兩次餵奶之間；寶寶吃藥丸，離不開魚肝油補充維生素D，後者不可過量，每天400個國際單位足夠了，過量很容易引起中毒。

Chapter 3

磷

人體的增高素

磷是人體內含量僅次於鈣的必須礦物質，約佔人體重量的1%，具有重要的生理功能。

相關資訊

中世紀歐洲盛行煉金術，據說只要找到「哲人石」——聰明人的石頭，就能獲得點石成金的法力。於是煉金士們開始瘋狂地尋求各種物質，躲在幽暗的小屋中，不停地在爐火中煉啊煉，夢想著「哲人石」突然出現。1669年，德國一位商人在人尿中意外地發現像白蠟的物質，在黑暗的屋子裡能發出藍綠色的冷光。這雖然不是夢寐以求的黃金，但仍讓他極為興奮，他以「冷光」的拉丁文Phosphorus為之命名，這就是我們今天熟悉的磷。

磷與人體的身高發育關係密切，因為體內的磷大約有80～90%與鈣一起構成骨骼和牙齒。在骨骼發育過程中，每積儲2克鈣同時需要1克磷的參與，才能完成骨骼的生長。所以說磷對骨質發育功不可沒，是人體的增高素，一點都不過分。

鈣磷比例均衡，是骨骼正常發育的條件。如果體內缺乏磷，那麼鈣就無法與之一起形成難溶性鹽而使骨骼、牙齒結構變得堅固，進而造成骨質疏鬆，使骨骼發育遲緩。

另外，磷還間接影響骨骼生長發育。磷是體內核酸、磷脂和某些酶的重要組成部分，參與身體的整個新陳代謝過程，一旦缺乏，必會影響正常發育，自然也涉及到骨骼發育。

測一測：你有這樣的行為嗎？

你是不是嗜酒者，常常喝得酩酊大醉，有時還會發生酒精中毒？
你是不是胃潰瘍患者，不得已長期服用制酸劑？
你是不是素食主義者，膳食以高纖維植物為主？
你是不是不幸依靠靜脈營養度日，而沒有補充磷？
妳是不是不幸生下一個早產兒，只能以母乳餵養他？
還有，日常生活中，你是不是不愛外出運動，常常躲在室內不曬太陽？膳食中是否缺乏含有維生素D的食物攝取？

如果你有以上問題出現，那麼要注意了，過度飲酒會使身體內的磷大量流失，很容易發生低磷血症。制酸劑阻礙磷吸收，會出現缺磷問題。高纖維能夠結合磷，加速磷排出。人的乳液中含磷量較低，而早產兒骨骼中需要大量磷沉積，因此嬰兒也有可能發生磷缺乏，出現佝僂病樣骨骼異常。而身體內沒有充足維生素D，也會影響磷吸收。

磷失調對人體的危害

與鈣一樣，磷在體內的代謝過程也包括吸收和排泄，如果兩者達不到平衡，會造成磷失調，進而引起身體的各種不適。

磷經過小腸吸收，尤以十二指腸及空腸部位最快。如果腸道內環境發生變化，如過多的制酸劑、高纖維食物，都會阻礙磷吸收，造成磷缺乏。

同時，過多排泄也會流失大量磷。磷主要透過腎臟排泄，約佔70%，其餘30%從糞便排出，少量由汗液排出。當腎臟功能受損時，磷的排泄受到影響，會發生磷失調問題。

對人體來講，磷含量過高或者過低都不是好現象，會出現下面的症狀：

身體內缺磷時，首先影響到骨髓、牙齒發育，使其出現疏鬆、軟化，容易引起骨折，小孩易患佝僂病。同時，還會伴隨厭食、肌肉虛弱、抗病能力下降、感覺異常，甚至精神錯亂等問題。

而一旦體內磷過量，情況也照樣糟糕。首先，過高的磷會引起鈣磷比例失調，降低鈣吸收，導致低鈣血症，身體出現缺鈣的相關症狀，最明顯的就是神經興奮性增強，手足抽搐，進而驚厥，最終會精神崩潰。

同時，磷過高影響鈣吸收，會發展到骨骼缺鈣，骨質疏鬆、易骨折，還會影響牙齒的正常，使牙齒遭受腐蝕。

另外，磷過高自然引起體內其他礦物質代謝紊亂，破壞體內平衡，這也是十分危險的。

人體對磷的需求量

在美國，推薦1歲以上至成年人磷需求量均為每天800～1000mg，即人體在膳食中攝取這一範圍的磷，都是健康的。在我們正常膳食中，食物可提供的磷大約為1g，正好合乎人體需求，所以，人體缺磷問題並不明顯。

對於1歲以下嬰兒，磷需求量自然有所減少，6個月前嬰兒每天為240mg，6個月到1歲360mg。由於這一時期嬰兒以母乳為主，還不能進食食物，維持這一量也不困難。

磷需求較為敏感的是11～18歲的青少年，他們處於生長發育迅速期，對各種物質需求大增。在這一時期，每天為他們提供1200mg磷，才會滿足正常需要。

還有一組人群磷需求量較多，這就是妊娠期和哺乳期的女性，她們擔負著孕育和哺乳後代的重任，吃進去的磷要分給孩子一部分，所以每天也需增加400mg磷。

磷廣泛存在於各種食物中，很容易過量產生危險，那麼，究竟人體承受磷的界限為何？攝取多少磷會發生中毒呢？

人體可承受磷的最高日攝取量為3000mg，即便處於快速發育期的青少年，也不可超過

3500mg。超過這一指標，人體就會出現中毒。維持人體內磷的平衡，使之既不缺少又不過量，最主要的是從飲食入手，培養健康的膳食習慣。

磷的食物來源

下面表格提供的是常見食物中的磷含量，從中可以看出磷來源的豐富性：

食物名稱	磷含量（mg/100g）	食物名稱	磷含量（mg/100g）
瘦肉	189	紫菜	350
豬肝	310	黃豆	465
花生	326	麵粉	188
蝦皮	582	牛奶	73
葵花籽	564	米	112

磷是蛋白質的好朋友，動物性蛋白如瘦肉、蛋、動物的肝、腎中磷的含量很高；植物性蛋白如花生、芝麻醬、乾豆類、堅果中磷也十分豐富。這些食物中的磷進入體內後，比鈣更容易吸收，可以與蛋白質、脂肪等結合形成磷蛋白、磷核酸、磷脂肪等，也可以以無機磷或

者有機磷化合物的形式存在。

相對來說，糧穀類食物雖然含磷也很豐富，但其中的磷多為植酸磷，可吸收利用率低。不過，經過加工後的食物植酸磷含量降低，可提高磷吸收率。同時，如果長期食用大量穀類食品，也會形成對植酸的適應力，植酸磷的吸收率有不同程度的提高。

一句話，磷是非常容易吸收的礦物質，由於它與鈣的關係密切，它的吸收對鈣影響很大，因此體內鈣磷比例就成為格外受人關注的話題。在美國，規定的鈣磷比例為1：1，即補充1g磷的同時，需要吸收同樣多的鈣，這樣才能保持身體均衡。

在維持鈣磷比例正常方面，維生素D充當著不可替代的角色。鈣和磷離不開維生素D，只有充足的維生素D，才能維持鈣、磷有效吸收。更為重要的是，充足的維生素D會降低身體對鈣磷比例的嚴格要求。就是說，不管吃進去的鈣和磷多少，身體都會在維生素D作用下自我調節，不會妨礙健康。

透過這些分析我們可以看出，要想在膳食中維持磷的正常攝取，需要注意的問題有幾點：

①多樣化膳食。片面吃肉或者吃素都不是好方法，只有葷素結合，才不會吃進去過多或過少的磷。如果每日三餐以高纖維植物為主，含磷較低且磷難吸收，發生低磷問題就不足為怪了。

②不要總是食用一種或兩種含磷高的肉類食物。高磷食物會引起磷含量過高，可以考慮

選擇低磷蛋白食物。這類食物主要包括各類海鮮，像烏賊、魷魚、海參和蛤蠣；各種蛋類，如雞蛋、鴨蛋；各種豆製品，豆腐、百頁都在其列。

③補充維生素D和鈣劑。當你覺得體內磷失調時，最有效簡便的方法就是補充維生素D和鈣劑。另外多曬太陽，也是很經濟實惠的方法。

④避免飲用過多碳酸飲料、酒類，少喝濃茶。碳酸飲料中含磷太多，會讓每位飲用者體內的磷超標，所以最好還是少喝，或者不喝；而嗜酒與之相反，嗜酒者約有15％發生低磷血症，需要補充含磷多的食物加以糾正。

⑤以牛奶餵養的嬰幼兒，因為牛奶中含磷高，嬰幼兒的甲狀旁腺發育不完善，容易引起磷過高。所以在牛奶中加入乳酸鈣，可以減少磷的吸收，防止低鈣血症。

近年來，隨著聚磷酸鹽、偏磷酸等廣泛用為食品添加劑，磷攝取過多的現象越來越受重視。為此，低磷飲食得到了提倡。所謂低磷飲食，就是膳食中以含磷低的食物為主，這類飲食尤其適用於患慢性腎病、尿毒症、血透者，要求食物中杜絕出現肉、蛋，奶等高磷食物，也不要進食各種含磷高的零食。

【低磷食譜地瓜飯】

主料：米、地瓜。

製作：米洗淨，加水浸泡。然後地瓜去皮，洗淨，切成片，並用熱水燙一下。最後，將地瓜放入米中，一起燒開煮熟。

特殊人群應該如何補磷？

儘管磷在體內很少缺乏，可是也不能忽視它的重要性。特別是有些人群，對磷的需求量相對較高，這時就要特別注意補充磷。

①早產兒。早產兒生長迅速，母乳不能滿足其骨礦化的需要，很容易發生佝僂病。這時，可以為嬰兒補充牛奶、小米粥等含鈣、磷高的食物。稍微大一點的嬰兒，可以補充蛋黃、動物肝等食物。

【補鈣補磷食譜】雞肝粳米粥（適合4～6個月嬰兒食用）

主料：粳米50克，雞肝10克，白糖10克。

做法：將粳米洗淨，加水煮10分鐘；將雞肝搗碎成末，加入同煮成粥；最後將米粥用粗紗布過濾，濾下的清湯加入白糖，調勻即可。

功效：雞肝和粳米富含礦物質鈣、磷、鐵，還有維生素A、B、B3等，可以為寶寶提供豐富的營養價值。需要注意的是，粥一定要煮爛，不能太稠，才易於寶寶食用。

②嗜酒、素食者。嗜酒者很容易發生低磷血症，因此有必要補充含磷高的食物。對他們來說，多吃富含磷的蔬菜、穀物，既可以補充磷，又能補充鈣，還可以解除酒精毒害，可謂一舉多得。素食者可以用酵母發麵，或預先將穀粒浸泡於熱水中，降低植酸磷的含量，進而提高磷吸收率。

③甲亢患者。甲亢病人往往出現高鈣血症，這一現象又引起血液中磷吸收受阻，磷含量過低。對此補充磷，刺激鈣降低，是最直接的辦法。

Chapter 4

鉀

心臟的興奮劑

在人體內的各類礦物質中，鉀排在鈣和磷之後，含量位居第三。正常人體內約含鉀140～150g，其中98%存在於細胞內液，為細胞內液的主要陽離子。

鉀在人體內有一個特殊貢獻，就是維持心肌細胞的應激性，控制心臟的節律。心臟的跳動離不開體液，體液中鉀離子濃度變化對它產生敏感影響。鉀離子過少，心肌就會興奮，很容易使心跳在收縮期停止；而鉀離子偏高，則心肌受到抑制，會使心跳在舒張期停止。生活中，當吃馬鈴薯等薯類食物時，會有「燒心」的感覺，就是其中鉀離子過高造成的。

鉀進入體內後，在腸道吸收，透過尿液、汗液、糞便排出體外。正常成人每日需鉀量很大，在2～4g之間，攝取的鉀90%經過腸道吸收進入血液，10%會隨著糞便排出，所以腹瀉時會造成鉀流失。

腎臟具有強大的排鉀功能，約85%的鉀透過腎臟排泄。可是腎臟保鉀的能力卻很差，「多吃多排，少吃少排，不吃也排」就說明了腎臟排鉀的情況。正是這一原因，體內鉀難以存留，在進食少的時候，自然會發生缺鉀。

值得提醒的一點是，鉀在細胞內外平衡的速度很慢，吃進去的鉀不能很快吸收，大約要15個小時才能完成，心臟病人需要的時間更長，有時長達45個小時。這也是人體容易缺鉀，卻不好補充的一個因素。

測一測：你有這樣的行為嗎？

如果你是一位喜歡喝咖啡或者嗜酒的男士，你一定會經常奇怪自己為什麼很容易疲勞。

如果妳是一位特別酷愛甜食的女生，妳也奇怪怎麼越吃越沒力氣。

如果你喜歡運動，可是在大量出汗後一定特別勞累。

如果你為了減肥，正在膳食中杜絕各類碳水化合物，那麼你就會出現體力減弱、反應遲鈍的困惑。

如果你患上可怕的腹瀉症，或者必須服用利尿劑；如果你經常處於焦慮中，神經和肉體得不到放鬆……

上述種種情況都在說明一個問題：你身體內的鉀正在大量流失，缺鉀給你帶來了各式各樣的不適和麻煩。

人體鉀離子過低有哪些危害？

生活中，健康人在正常膳食中可以攝取足量的鉀，但是，由於各種原因，往往會發生鉀吸收障礙，或者排泄過多的現象，這時，體內的鉀就會過低，進而導致相關危險發生。常見到的鉀離子過低多由以下因素引起：

①嚴重嘔吐、腹瀉時，吃進去的食物減少，鉀自然也就無法充足供應。同時由於排出大量含鉀豐富的消化液，造成大量失鉀。

②高鈉飲食，會造成缺鉀。人體內鉀鈉正常比例為2：1時，即攝取4g鉀，就應攝取2g鈉，只有這樣，身體才會處於平衡狀態。如果飲食中鈉過多，打破這一比例，會引起鉀代謝紊亂，造成缺鉀。

另外，日常生活中飲酒、喝咖啡、吸菸、愛吃甜食，特別是食用大量糖時，血中鉀的濃度很快下降，造成缺鉀。

③為了減肥，長期控制飲食，致使鉀離子攝取不足。或者進行超強運動，造成大量流汗，也會帶走一定量的鉀，造成一時性缺鉀。

④各種慢性疾病，或者多次實施外科手術都會過分消耗體內的鉀。比如糖尿病人，往往大量鉀從尿中流失。

⑤服用利尿劑、類固醇藥物、茶鹼等藥物時，也會造成低鉀。細胞內鉀缺乏時，將直接影響細胞的正常代謝，如果長此以往，就會引起細胞變性、萎縮，危及身體正常代謝。由於鉀離子是心臟的興奮劑，一旦過低，可使心肌興奮，引起心律失常。不少小孩患有嚴重腹瀉、蛋白質缺乏時，會突然死亡，致命原因就是體內鉀過低引起心力衰竭。鉀離子過低後果如此嚴重，那麼在生活中，透過哪些症狀可以判斷體內缺鉀呢？

鉀元素對人體有什麼好處？

體內缺鉀，往往會讓人產生許多煩惱和病痛。

飲食中長期缺鉀，常常會感到精神疲倦、四肢痠軟、體力減退、食慾不振，還會出現便秘、體重下降、癱軟等症狀。同時還出現耐熱平衡失調、代謝紊亂、心律失常和全身肌肉無力等。這些症狀都是典型缺鉀的表現。

當我們詳細瞭解了身體缺鉀的種種危害後，不禁產生這樣的疑問：既然身體很容易發生缺鉀，透過膳食補充時還有很多麻煩，那麼可不可以像補鈣一樣，服用藥丸補充鉀？

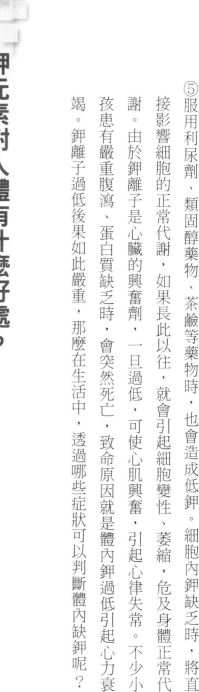

回答這一問題，先要清楚鉀在體內的具體作用，即它對人體的好處。

在人體內，鉀和鈉是一對兄弟，它們分別在細胞內外液中，相互保持平衡以維持正常的細胞滲透壓。鉀可以促進鈉排出，當鉀含量高時，會讓更多鈉排泄掉，降低體內鈉含量。這一作用的結果對因鈉過高導致的高血壓大有好處。正是這一原因，高血壓病人常常被建議食用富鉀食品，目的就是為了排鈉。不僅如此，低鈉高鉀的食品還被用來預防高血壓，減少高血壓的遺傳機率。

如果你不幸是位高血壓病人，或者家族中有高血壓病史，那麼為你推薦一個簡單易行的方法，肯定對你大有幫助：

每天吃三個蘋果，會幫助攝取鉀，排出過量的鈉離子，改善高血壓症狀。

鉀和鈉合作，還可以維持酸鹼度，營養肌肉組織。當鉀透過腎臟排泄時，會清除潛在的有害廢物。所以腎功能不好的人，對鉀敏感度較高，不適宜攝取過多的鉀。

實際上，鉀過高是慢性腎病患者的「隱形殺手」，由於這個緣故，生活中大多不主張採用藥丸補充鉀。目前常見的補鉀藥物進入體內後，會刺激消化道，還容易與膳食中吸收的鉀結合，引起高鉀血症，出現胃腸痙攣、腹脹、腹瀉及心律失常等症。

因此，在缺鉀不很嚴重，沒有醫生明確診斷治療的情況下，千萬不要服用補鉀藥丸，透過膳食調節體內鉀含量，就足夠了。

相關資訊

美國的佛蒙特州是心臟病和風濕高發地帶，曾經以此聞名於世。後來，當地居民開始推廣蘋果醋＋蜂蜜，再以熱開水稀釋的飲用法，一段時間後，心臟病機率下降明顯。

可見，透過膳食補鉀是十分必要的，下面我們就來探討一下吃什麼可以補充人體鉀的需求。

吃什麼可以補充人體鉀的需求？

「望梅止渴」，這個成語由來已久，很多人知道它的含意，卻幾乎沒人懂得其中蘊含的科學道理。原來當人在極度口渴時，血液中鈉濃度升高，所以產生強烈的補水慾望。這時，吃梅子、蘋果等富鉀食品，在補充水分的同時，血液中鉀離子濃度升高，促使鈉離子排出體外，自然「解渴」了。

在日常膳食中，富含鉀的食物有很多：

●最好的補鉀食物就是海藻類。研究發現，100克紫菜中含鉀高達1640mg，比含有的鈉高出17.5倍；海帶含鉀也很豐富，比含有的鈉多2.2倍。這類食物可以提供充足鉀，又不會使得鈉過多，是值得推薦的補鉀食材。

因此，需要補鉀的人士可以經常食用紫菜蛋花湯、紫菜蒸魚、涼拌海帶絲和海帶燉肉。

- 新鮮水果和蔬菜，也是鉀的最好來源之一，其中以香蕉含鉀最多，而柑橘類、芹菜等綠葉蔬菜、葵花籽中，鉀也相當豐富。
- 各種堅果、豬牛肉、禽類和海魚、豆類及其製品、花生，是鉀的良好來源。
- 各種穀物、麵包、蛋、奶、貝殼類、乳酪，以及水果中，鉀的含量略低，是鉀的一般來源。不過，蕎麥麵和紅薯，含鉀量相對較高。
- 有些食物鉀含量微少，像日常常見的米飯、玉米粉、脂肪等；蜂蜜、糖果和橄欖是含鉀最低的食品，如果補鉀，最好不要選用它們。

鉀雖然存在多種食物中，但食用不當也會影響鉀的吸收利用。在膳食中，需要注意的是：

①動物性食物中鉀相對固定，容易被人體吸收，可以適當增加這類食物量。不過，脂肪含量過高的組織，其中的鉀又有所減少，所以還是以瘦肉為主。

②蔬菜、水果和糧食中的鉀，容易在加工過程中流失。比如蔬菜製成罐頭、水果榨成果汁，會使得含鉀量降低一半，造成很大浪費，因此還是以新鮮蔬菜、水果為補鉀的首選產品。

另外，一些不科學的做法也會大大降低鉀利用率。例如吃菜時不喝菜湯，做餡時不要菜汁，都會浪費掉很多鉀，無疑等於吃「低鉀菜」，很不合理。

③低鹽飲食，不要攝取過多鈉和糖。前面說過，鈉過量會影響鉀鈉平衡，加重身體缺鉀症狀，要想補充足夠的鉀，就必須限制鈉的量，少吃鹽。同時，改變一些不良習慣，少喝酒、少抽菸、少喝咖啡，少吃甜食，都是幫助鉀吸收的有效簡便之法，會讓身體內的鉀盡快恢復正常。

「夏日打盹」緣自人體缺鉀

到了夏天，大多數人都有這樣的經歷：特別愛睏，愛打盹。有人認為這是睡眠不好造成的，也有人覺得可能這是身體的自然反應，卻很少有人想到這與體內缺鉀有關。

夏天天氣炎熱，人體流汗多，汗液會帶走大量鉀，引起血鉀偏低；同時，夏天人們的食慾一般減退，從食物中攝取的鉀相對減少；另外，人體在高溫下耗能增多，鉀需求量也增多，於是出現身體乏累、昏昏欲睡的症狀也就不足為奇。

因此，根據自身情況多吃富鉀食物，是防止夏天「打盹」的好方法。說起來夏天補鉀，最好的選擇就是喝茶。

據測定茶水中含有1.2～2.3%的鉀，喝茶不僅可以補充鉀，更能補充因出汗流失的水分。

相關資訊

夏天身體大量出汗時，不要立刻喝大量白開水或者糖水，不然會引起血鉀過分降低；最好喝果汁和糖鹽水。

除了喝茶，適合夏天補鉀的食物也有很多，特別是水果、蔬菜，正是旺盛季節，比較適合選用。

由於夏季病菌容易滋生蔓延，食品衛生問題就值得關注。為了維持食品健康安全，更好地補充鉀，我們不妨從以下幾點加以留意：

①蔬菜、水果儲存要合理。夏季蔬菜水果豐盛，可以現吃現買。如西瓜、桃子等。如果一定要儲存，冰箱溫度最好保持在5℃～7℃，可保持食品的新鮮度。有一些食物如番薯、豆腐、豆漿，是不適合儲存的，最好當天食用。如今大多數食品都有農藥殘留，如果放到較低溫度的冰箱內，因為抑制酵素活動，使殘毒無法分解，食用很不安全，所以最好先擱置1天再放入冰箱。

②食用講究安全營養。夏天可以多吃涼拌菜，少烹飪，減少鉀流失；瓜果洗淨去皮即可，不要過分清洗內部，否則會沖走很多鉀。

當然，夏天還是喝啤酒的好時節，許多人喜歡喝冷藏過的啤酒，認為這樣解渴又好喝。可是要提醒大家的是，啤酒還是少喝為宜，溫度也不要過低。

Chapter 5

鈉

體液緩衝劑的主角

正常人的血液有一個比較固定的酸鹼度（PH值），以利於細胞的新陳代謝，這叫做酸鹼平衡。然而維持這一平衡並不容易，因為人會不斷進食各種酸性和鹼性食物，而且代謝活動也會產生不同酸性和鹼性物質，一旦酸鹼失衡，人體就會陷入重重麻煩中，各種不適也會纏上身。所以維持酸鹼平衡，是最為基本和緊迫的任務。

調節酸鹼平衡，人體最大的系統是血液的緩衝系統。血液緩衝系統中，鈉可與二氧化碳結合成碳酸氫鹽，碳酸氫鹽的多少直接關係酸鹼度。而且，碳酸氫鹽可以使較強的酸變成揮發性酸，透過呼吸從肺排出。可見，鈉在體液緩衝上充當主角。離開鈉，也就無法形成有效的緩衝系統。

在腎臟調節方面，鈉的作用也至關重要。鈉在腎臟被重吸收後，可與氫離子交換，清除體內的二氧化碳，同樣達到保持體液酸鹼度固定的目的。另外，鈉與鉀離子配合，參與身體水代謝，也會促進體內廢物排泄，達到酸鹼平衡。

所以，鈉是體內必須的礦物質，成人每公斤體重就含1克左右的鈉。

測一測：你有這樣的行為嗎？

生活中，你是不是「重口味」的人，總覺得菜中放少了鹽就不好吃？你是不是喜歡吃各種醃製的鹹菜、調製的蘸料：椒鹽、辣椒醬？認為這是很美味的佐料？而且，你還喜歡在菜中放進醬油、甜醬等調味料，感覺這樣烹製的菜更可口？

儘管這種飲食習慣滿足了口感的需求，可是還是要嚴肅地告訴你：這些行為會讓你體內的鈉瀦留，長此以往，會引起高血壓，還會危及泌尿系統。

也許你已經認識到鈉過量的危害性，於是不敢吃鹽，也不敢吃一些鹹的食品及含鈉高的食物，可是很快你就發現，自己變得精神倦怠，神情淡漠，常常無精打采，起立時會暈厥，還伴隨著噁心、想吐……

這樣的狀況告訴你，身體中的鈉已經過低了。

可見，鈉在體內既不能過高，也不能過低，只有保持平衡，才會維持身體健康。

鈉在人體中的作用

「清晨開門七件事，柴米油鹽醬醋茶」，說明鹽是日常膳食中不可缺少的調味品。食鹽，化學名稱為氯化鈉，其中鈉佔40％。人體正常膳食每天攝取4～6克鹽，就能提供2000mg左右的鈉，足以滿足人體需求。

鈉進入人體後，全部由腸胃道吸收，經血液到腎臟。腎臟有很強的保鈉機制，可以主動吸收鈉。鈉大部分由尿排出，約佔90％，其餘部分經過皮膚排出，也有少量透過糞便排泄。

攝取多，吸收好，而且排泄管道完善，是人體很少發生缺鈉的關鍵。

鈉在人體中，44％分布在細胞外液，9％在細胞內液，47％存在於骨骼之中。

鈉是細胞外液中主要陽離子，佔90％以上，能夠調節細胞外液容量，維持體內水量固定。當鈉多時，水量增加；鈉少時，水量減少。這就提醒人們為什麼吃鹽多時會發生水腫，因為鈉增多，水瀦留量大；相反，鈉過低會引起脫水。

鈉在細胞外液還能構成滲透壓。滲透壓受到鈉離子濃度影響，鈉多時，壓力升高，則為血壓增高。如果長期攝取鈉過量，就會刺激形成高血壓。多年研究發現，血壓高出現的年齡越輕，人的壽命就越短。

生活中經常食用芹菜，可以幫助排出多餘的鈉，對降低血壓有好處。

相關資訊

人們大多喜歡吃芹菜莖，實際上葉所含的營養素比莖多，扔掉實在可惜，如果焯一下涼拌，是非常美味的食品。

鈉對肌肉、心血管和能量代謝會產生影響，糖和氧氣的利用也離不開它。當鈉不足時，肌肉運動遲緩、心血管功能受抑制，氧氣利用減弱，嚴重時還會發生昏迷。

由於腎臟對鈉有主動吸收的功能，可以引起氯離子的被動吸收，氯離子利於胃酸形成，幫助消化。如果你是位便秘者，在清晨喝一杯淡鹽水，可以發揮潤腸通便的奇效。

體內鈉元素對腎的影響

鈉經過血液到達腎臟後，在腎小管過濾。可是過濾後的鈉並不是排出體內，而是95%經腎小管又重吸收。腎臟的這一功能，稱為保鈉機制。經過重吸收後的鈉，最終再次來到腎臟，透過尿液排出體外。

在這個循環過程中，腎臟與鈉息息相關，鈉過高或過低，都會影響到腎臟的正常功能；而腎臟有了毛病，也會嚴重危害鈉在體內的代謝。

所以，生活中我們常常看到腎病患者不敢吃鹹的，為了防止水腫，他們忌鹽。當然，忌鹽會有很多不便，讓人的味覺錯亂，吃什麼都不香。有些人為了滿足味覺需求，開始尋求鹽的替代品：低鈉鹽、無鹽醬油等。這些食品吃下去，既不影響食慾，也不會引起水腫，看上去似乎一舉兩得。

然而，這樣做並不能改善腎病狀況，還會衍生出新的營養問題。

原來，大多數低鈉鹽、無鹽醬油中雖然沒有鈉離子，卻增添了一種新的礦物質——鉀。鉀和氯結合後，也會給人鹹的味覺。當腎病患者吃進去這種鹽後，腎臟排鉀能力降低，血鉀濃度升高，對心臟產生作用，病人會感到心臟跳動紊亂。如果這種情況嚴重，會發生心跳停止，十分危險。

如何做才能維持腎臟病人吃飯香，吃進去足夠的營養，又不會發生鈉、鉀過量的現象呢？

最簡單有效的方法就是：氨基酸替代鹽。人類的味覺很容易欺騙，也會隨著習慣發生很大改變。氨基酸製品很多，像氨基酸醬油，可以提供鹹味，卻不含鈉和鉀，更與心律不整毫無瓜葛。

鈉不足該如何補？

正常情況下，人體很少受到缺鈉的困擾，可是當發生下列問題時，體內鈉就會降低。

①在高溫環境下，如果一個人從事重體力勞動的話，會大量流汗，汗水將帶走鈉。據估計，這種情況下，一個人每天會損失8克鈉。為了補充水分，人會飲用3000ml以上的水。補進去這麼多水，需要對應的鈉來補充。一般失水1000ml，要補充2～7克食鹽，不然，會引起脫水。

相似的情況還有大量運動等，總之，只要流汗過多，就必須補水補鈉。

②嚴重嘔吐、腹瀉時，會造成鈉大量流失，鈉含量急遽降低。患者會出現倦怠、淡漠、無神、站立時發暈等症狀，說明體內每公斤體重缺失了0.5g鈉，即流失了一半鈉，必須立即予以補充。如果不能即時補充鈉，身體的症狀會繼續加重，出現噁心、收縮壓下降甚至測不到，這表示每公斤體重缺鈉達到0.75～1.25g，尿中無氯化物排出，情

況非常危急。

③人到老年，體內器官功能減退，患病時很容易發生水、電解質和酸鹼平衡失調，其中尤以鈉代謝失常最為常見。補充鈉，最快捷的途徑是直接口服淡鹽水，其次是各種含鈉食物和飲料。

鈉失調的食療方法

鈉不只存在食鹽中，日常膳食中的所有食物幾乎都含有鈉。鈉的來源如此豐富，健康人只要正常膳食，很少會發生缺鈉問題，而是很容易過量。造成這一現象的原因很簡單，人們對食物中的鈉不瞭解。如果問，玉米片粥和醬油中哪個含有的鈉更多，相信大部分會選擇後者，可是事實卻非如此，玉米片粥比醬油含有更多鈉！所以，瞭解食物中鈉的含量，特別是留意那些「隱性鈉」，是調節體內鈉含量，維持其正常的第一步。

鈉最豐富的來源除了食鹽，還包括各種醃製品、含麩穀物製品、奶油、玉米片粥、酸黃瓜、青橄欖、午餐肉、燕麥片、肉類、魚、乳酪等等。也許很多人不以為然，認為這些食物中即便含有鈉，量也不一定多，為什麼非要說含鈉豐富呢？下面分析一下其中幾種食物的鈉含量，一定會讓你大吃一驚。

普遍市面上能夠購買到的麵包含鈉1460mg；100g味精含鈉8g；海蝦含鈉302mg；一瓶蠔

油含鈉10～15g。

不僅上述食品富含鈉，就是人們普遍認為無鈉的蔬菜、水果中也含有很多鈉。特別是菠菜、甜菜、裙帶菜和胡蘿蔔，這類嗜鹽蔬菜中的鈉不容忽視。如100g菠菜含鈉200mg，100g胡蘿蔔含鈉170mg。

另外，肉類和某些魚，可隨著加工情況添加很多鈉。

就是日常飲用的水，其中也有鈉，一般1000ml水中就會有不超過20mg鈉。如此豐富的鈉，如果不注意控制的話，很容易攝取過多，誘發多種疾病，諸如高血壓、心血管疾病等。如果腎臟功能不好，會加重病情。

相關資訊

阿拉斯加的愛斯基摩人很少患高血壓，原因在於他們很少吃鈉鹽，鈉攝取量極低；與之相反的是日本北部農村的居民，高血壓發病率接近40％，因為他們平均每天攝取鈉25g以上。

鈉過量已經成為威脅現代人健康的一大殺手，如何限制鈉的過量攝取呢？

①任何時候都盡量選擇新鮮原料，而不是加工過的。食物在加工製作過程中往往需要放入大量的食鹽，造成加工過的食物含鈉量比天然食物高出很多倍。如糙米比精米含鈉

低。因此要想減少鈉，最好的辦法就是自己動手，在廚房裡準備各種原始材料。如果非要選擇加工過的蔬菜，那就選擇冷凍的而不是罐裝的；要知道，一罐罐頭湯裡會含有1370～2850mg的鈉！必須食用罐裝產品時，煮食前要用漏鍋漂洗，以去除部分的鹽。當然，加工的肉類和醃製肉類也是大忌，最好少食用。

②「口味輕」、「口味重」不是生理需要，純粹是飲食習慣。如果選擇了富鈉食物，在烹飪或者膳食時就該盡量少放鈉鹽。烹飪時不要在菜太熱時放鹽，等到在菜快熟的時候，或者在菜快上桌面的時候再撒鹽，這時鹹味是最濃的，哪怕是一點點的鹽也不會讓人覺得味道淡。為了改變口味，做菜時不妨添加一些有香味的蔬菜，讓它們掩蓋缺少鹽的乏味，變得更可口。根據季節變化，選用天然香料，或水果汁（如檸檬汁、橙汁），切碎的新鮮的或乾的藥草，大蒜或者蔥來給食物調味。這類調味品帶來一種固有的味道，會幫助減少甚至去除鹽的依賴性。最好不要勾芡和油炸。你知道嗎？如果蒸魚時加上2湯匙豉油，那麼本來只有56mg的鈉，轉瞬間變成了656mg，因為2湯匙豉油含有600mg的鈉。

③購買食品時，先閱讀食物標籤，選擇低鈉的食品。目前，市場上的低鈉食物較多，選擇這些食物是降低鈉攝取的簡便途徑。選擇食物時，要弄清楚「沒有鹹味」的食品並

不代表就是低鈉和低鹽量的食品。

④蘸料是人體內鈉的重要來源，因此吃飯時最好在試過食物的味道後，再決定到底要不要加蘸料。決定要蘸料後，一定要注意份量應適可而止，最好選擇天然調味料製成的蘸料，像檸檬汁、蒜頭、薑、洋蔥等。還有醬料，如酸梅醬、芥末、甜醬等，都是含鈉豐富的食品，更應該少吃的。

相關資訊

魚露是很多人喜歡的蘸料，吃起來爽口開胃。可是當你滿足口味之際，有沒有想過其中鈉的含量？原來100g魚露含鈉竟高達6329mg，是不是很驚人？

⑤要是已經吃了高鈉食物，這時既不要無所謂，也不要很緊張，而是要學會均衡食物選擇，下一餐可以選擇低鈉食物，少攝取鈉。膳食中記住一些常用調味品的鈉含量與食鹽的換算比率，還是十分必要的：

1湯匙食鹽＝2湯匙醬油

1湯匙食鹽＝5湯匙味精

1湯匙食鹽＝5湯匙烏醋

1湯匙食鹽＝12湯匙番茄醬

鈉鉀失調潛伏致癌風險

鈉在人體內的作用，離不開鉀離子配合，鉀離子多了、少了，都會對鈉不利。兩者的比例失調，就像鈣磷比例失調一樣，會給身體帶來很多病變。由於現代人外出用餐增多，而吃的新鮮蔬菜水果減少，導致鈉與鉀的比例從原來的5：1降低為2：1。令人擔心的是，就是2：1，很多人也很難維持。這種狀況成為人體致癌的重要原因。

鉀離子主要存在細胞內液中，當細胞分裂或者增生時，鉀離子會漏出細胞，隨著細胞分裂減少。癌細胞也是如此，細胞損傷後時鉀離子漏出，之後迅速繁殖。老年人容易患癌症，就是因為他們體內鉀離子很容易從細胞內漏出。

所以，當鈉鉀失調，體內鈉含量過多，鉀離子過低時，會誘發細胞癌變，並使癌細胞加速生長，加重病情。有人喜吃各種含鹽較多的醃製食品如醃肉、鹹魚、鹹菜等，這些食品中往往含有大量亞硝酸鹽，是誘發癌症的重要原因。

相關資訊

伊朗某地居民喜歡吃麵食，並且愛在麵食中加食鹽。結果，他們的癌症發病率很高。而與之相反，另一地區居民喜歡米飯，米飯中從不添加食鹽，這裡的癌症發病率就低得多。

只有鈉鉀比例正常，才會控制體內液的平衡。做到這一點，就必須低鈉高鉀膳食，保持體內鉀離子含量。

對經常外出用餐的人士來說，可以從下面幾方面留心：

①少喝湯，避免撈醬汁。湯中融化進了大部分鈉，如果你不想將它們攝取體內，還是放掉為妙。所以即便只是吃一碗麵，也不要把湯喝光。至於醬汁，更是鈉的「大本營」，盡量不要輕易涉足。

②少吃速食。速食中含有的鈉超出很多人想像，一個雞肉三明治含有1060mg鈉，一餐肯德基速食會提供2285mg鈉，就是一個麥當勞的巨無霸，也有1010mg鈉。為了減少鈉攝取，還是少吃較好。

③選擇調味料時須三思而後行。外出用餐，很多時候會有豐富多彩的調味料供你選擇，這時就要花費心思，考慮一些我們前面說過的選用調味料原則，要是怕麻煩，就記住一點：少吃。

【高鉀食譜】海帶燒豆腐

材料：豆腐400克，海帶150克。

調味料：薑末、蔥花、味精各適量。

製作：將豆腐切成小塊，在沸水中焯一下；把海帶洗淨，切成菱形片。然後，在鍋中放油加熱，放入蔥花、薑末煸炒，出香味後，放進豆腐、海帶，加清水燒沸，改為小火慢燉。快熟時放適量食鹽，入味即可起鍋。

功效：這款食品材料簡單，製作方便，海帶和豆腐都是富鉀低鈉食品，又含有豐富蛋白質，較低的脂肪，經常食用，不僅能夠攝取充足鉀，預防癌症，還對肥胖、心臟病有幫助，不愧為健康選擇。

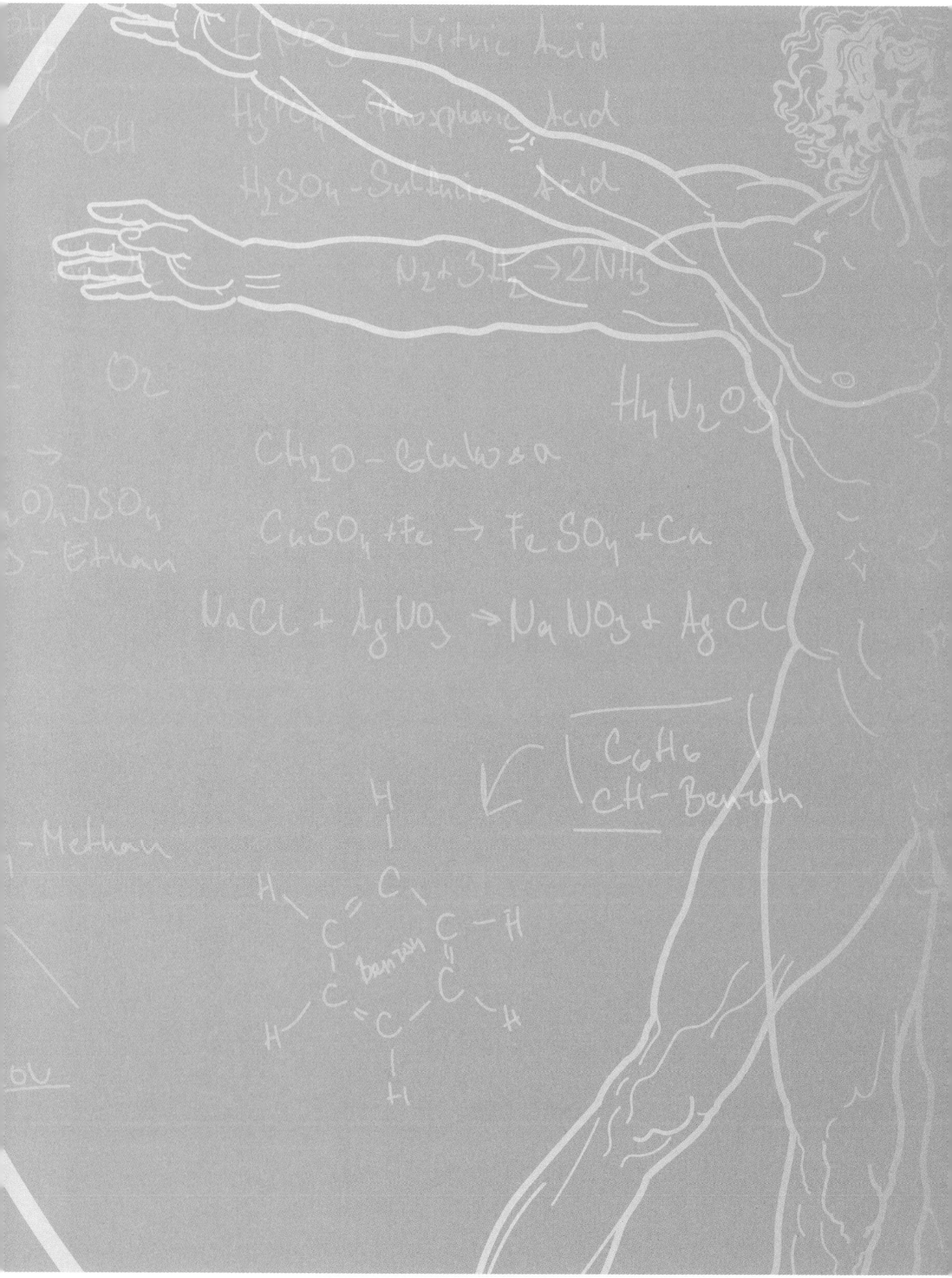
HNO3 - Nitric Acid
H3PO4 - Phosphoric Acid
H2SO4 - Sulfuric Acid
N2 + 3H2 → 2NH3
O2
H4N2O3
CuSO4 + Fe → Fe SO4 + Cu
NaCl + AgNO3 → NaNO3 + AgCl
C6H6
CH - Benzen

Chapter 6

鎂

主宰細胞老化的健康使者

鎂和鉀一樣，都是細胞內的陽離子，人體內的鎂大約有25g，其中99%的鎂在細胞內，只有1%在細胞外。在細胞內，鎂的地位僅次於鉀，位居第二。

和其他礦物質一樣，人體也是透過食物攝取鎂。鎂被吸收後，60%～65%存在於骨骼、牙齒，27%分布於軟組織。在這些組織中，鎂主要聚集在細胞內線粒體上，主宰著細胞老化的過程。當鎂含量正常時，細胞老化減慢；鎂不足時，老化會加快。細胞加速老化，將影響組織的功能，導致出現各種慢性疾病。

鎂的這一功能對於記憶力影響突出。老年人容易記憶衰退，如果補充足量的鎂，他們的大腦會變得靈活起來。這是因為鎂刺激了大腦細胞，讓老化的細胞恢復活力。

那麼，人體需要多少鎂才能維持細胞所需，減緩衰老呢？

一般成年人每天對鎂的需求量，男性為350mg，女性為300mg。如果正常膳食，食物中提供的鎂足以滿足這一需求。然而，人體內的鎂不斷代謝，每天都會透過糞便排出大量鎂，也會透過尿液排出部分鎂，汗液和脫落的皮膚細胞中也有少量鎂，造成大約50～125mg鎂流失，約佔需求量的1／3。因此，只有不斷從膳食中獲取足量的鎂，才能維持身體細胞所需。

①為避免缺鎂，人們平時可多吃含鎂豐富的食品。紫菜是含鎂最高的食物，100g紫菜中含有46mg鎂，被稱為「鎂的寶庫」。豆腐也是含鎂豐富的食物，特別是鹵水豆腐，經常食用，會解決缺鎂引起的記憶衰退、反應遲鈍、肌肉抽搐等症狀。

②菠菜和綠葉蔬菜、豆類及粗穀類等也是富含鎂的食物。

③值得推薦的還有螺旋藻，做為一種海藻，它是大自然賦予人類的神奇食品，含有豐富的鎂，還具有清潔和營養作用，是十分優質的全面滋補品，能改善人體健康狀況。現在市場上推出不少螺旋藻（藍藻）藥丸，不失為補充鎂的有效途徑。

測一測：你有這樣的行為嗎？

你是一位很勤奮的人，不管從事腦力勞動還是體力勞動，工作總是很拼，經常超負荷工作。而你為了補充腦力或體力，認為多吃肉、蛋會很有幫助，於是很少吃果蔬和穀物。

妳是一位孩子的母親，為了給孩子補鈣，給他吃太多的蝦。

你為了減肥，或者別的原因，膳食中幾乎不吃蔬菜和穀物。

你喜歡精米細麵，膳食中很少有粗糧。

你嗜喝咖啡、茶，並且覺得越濃越好。

你喜歡高鈉飲食，覺得越鹹越有滋味。

你是交際場的名人，日日酒宴，常常喝多。

這些行為都在指向一個結果：身體無法攝取足夠的鎂，缺鎂讓身體的不適逐漸浮出水面。你變得精神緊張、焦慮，手會不自覺地抖動，身體越來越沒有力氣……

如果你沒有上述行為，可是無奈患有腹瀉、慢性腎衰、營養不良等疾病，或者長期服用利尿劑，這時身體也會出現同樣不適，甚至更為嚴重，這是怎麼回事？

很簡單，這些疾患讓體內的鎂大量排出，同樣造成了鎂減少、過低。

最好的減壓礦物質

鎂在體內有「第二信使」的美譽。這一稱號有什麼內涵呢？

在細胞中，有一個特殊的通路，這個通路是專為鈣準備的。如果此路不通，鈣就無法自由出入。而這個通路，主要的成分就是鎂。一旦體內缺鎂，通路不暢，鈣的代謝出現問題，就會引起鈣紊亂症狀。

所以，我們說過補鈣須補鎂，它們就像一對孿生兄弟，只有成雙成對出現時，才有利於骨骼和牙齒發育，讓身體鎮靜、健康。

鎂和鉀的關係也很密切，做為細胞內離子，它一樣對心臟發揮著調節作用。鎂能夠抑制心肌，減弱心臟的節律和興奮傳導性，這一功能有利於心臟休息。如果鎂不足，供養心肌血液和氧氣的動脈缺乏調節，就會痙攣，這樣一來，心律失常、心肌缺血就發生了。嚴重時，會出現心力衰竭和心臟驟停的現象，非常危險。

不僅如此，鎂還有抗毒作用，能抵抗藥物或者環境中有害物質對心臟的損害。

相關資訊

加拿大學者在研究心臟病死亡病因時，發現心臟中鎂含量的多少是病因之一。死於心臟病的人，心臟中鎂的含量遠遠低於正常人，比死於其他疾病的人也要低得多。

同樣道理，鎂也可以透過調節腦動脈收縮，影響到腦中風的發病機率。鎂能降低血液中膽固醇的含量，防治動脈硬化；鎂可以幫助釋放胰島素，調節血糖濃度，這對於預防心腦血管疾病、糖尿病患者可是個好消息。

如今，心血管疾病是威脅中老年人的最大隱患，要想與之對抗，與鎂「交朋友」絕對是個好辦法。

①盡量在家中吃飯，每週有兩到三天吃素食，不沾葷腥，多吃豆類。如果早餐時能夠選擇黑麵包，而不是白麵包，會讓人獲得很多鎂。當然，不是每個人都會習慣黑麵包的口感，但是一週吃2、3次就足夠了。

②多與新鮮蔬菜發展情誼，生菜、萵苣，這些一年四季都可以見到的蔬菜，不妨讓它們成為你的貼身夥伴，常吃常健康。

③喜歡喝茶的人士，可以適當關注中草藥茶。枸杞、酸棗仁、桔梗都是富鎂中藥，泡茶喝既方便，效果也不錯。

生命活動的啟動劑

鎂在細胞內擔負著傳輸能量，啟動多種酶的功能。據測定，鎂共參與體內300多種酶促反應。人的生命全靠這些複雜的反應維持，缺乏鎂，反應減弱，生命活性會大大降低。所以，鎂又被稱為生命活動的啟動劑。

生活中，小孩缺鎂時，這方面的特徵較為明顯。因為鎂透過啟動酶，與鉀、鈉、鈣共同維持肌肉神經的興奮性，缺少鎂時，會干擾神經衝動傳導至肌肉，引起肌肉痙攣、抽搐，同時讓孩子變得脾氣暴躁、緊張，甚至出現驚厥。

實際上，小孩缺鎂的問題一直十分受關注，做為骨骼的重要元素，鎂不足時，一方面影響鈣代謝，一方面直接影響骨骼發育，自然對小孩發育不利。

另外，鎂過低，還會影響到小孩的肺功能。因為細胞缺乏鎂時，組織胺釋放增加，氣管黏膜充血水腫，平滑肌痙攣，呼吸道受阻，哮喘隨之發作。

小孩缺鎂，多由以下原因引起：

①用人工餵養。牛奶、羊奶中含有的鎂雖然豐富，但是其中的鈣磷也很多。鈣、磷和鎂之間存在拮抗關係，磷高時，鎂、鈣吸收減少，容易引起低鎂性手足抽搐。

②反覆嘔吐、腹瀉。嘔吐和腹瀉，讓小孩排出大量的消化液，其中有一定量的鎂。所以

反覆嘔吐、腹瀉的孩子，很容易因為鎂不足發生驚厥。為小孩補鎂，要鼓勵孩子多喝水。水中含有鎂，而且水能促進鎂吸收。

【小孩補鎂食譜】淡菜雞肝湯

材料：雞肝和淡菜適量。

製作：將雞肝和淡菜放在一起，加水熬煮，成湯，餵小孩食用。

功效：經常食用，可以很好地補充鎂、鈣，維持小孩的需求量。

現在人們越來越注意到鎂的重要，於是市場上推出了鈣鎂片、碳酸鎂等藥丸，意在為小孩補充鈣和鎂。選擇這類藥丸時，需要留心鈣鎂比例，只有當兩者的比例為2：1時，才有利身體吸收利用。還要遵循醫生意見，最好在正規醫院經過檢測，確定缺少鈣和鎂時再服用。

當然，鎂啟動酶的作用，在成人身上也有明顯表現。一旦鎂過低，會引起手發抖、精神緊張、脾氣暴躁，更為嚴重的還會誘發偏頭痛。

相關資訊

專家在檢測偏頭痛病人的鎂含量時，發現他們大多數人大腦中的鎂都很低，含量在平均值以下。

不管怎麼說，鎂做為人體必不可少的礦物質，適當補充是必須的。但是，它與其他礦物質一樣，也有一定限度，不是越多越好。如果每天鎂攝取過多，照樣引起過量或中毒症狀。

鎂與鈣的關係極為特殊，兩者既有協同作用，還存在拮抗作用。如果兩者比例失衡，鎂攝取過多時，會影響骨骼鈣化。所以，鎂過高時，反而出現低血鈣症狀，影響到骨骼和血液凝固。當患有尿毒症時，體內鎂含量增高顯著，還會引起骨異常現象。

另外，鎂含量過高，也會出現神經肌肉系統症狀，病人會嗜睡、呼吸功能受到抑制，嚴重時深部腱反射減弱、腸麻痺。

人體缺鎂易患癌

人體缺鎂，不僅會加速老化，還能誘發癌症。研究發現，在土質富含鎂的地區，居民癌症的發病率遠遠低於生活在土質含鎂低的人群。生活在現代都市的人，很多情況下，可能長期輕微缺鎂，卻渾然不知：

①膳食追求精細，粗糧、雜糧減少。各種穀物、堅果、豆類、蔬菜都是含鎂豐富的食物。可是糧食經過加工後，其中的鎂幾乎全部流失，越精細的食品越無法提供鎂，這成為現代人缺鎂的重要原因。

②過多的酒宴美食，浪費掉大量鎂。肉、魚、奶、水果都是含鎂較低的食品，卻是現代人所鍾情的，為了滿足口感，肆無忌憚地進食魚肉等美味，或者日夜流連酒席宴會，喝進胃中太多的乙醇，這都會造成鎂攝取過低。

③迷信純淨水、蒸餾水，認為這樣的水更乾淨、更有營養，並長期飲用。其實這樣的水中鎂含量大大減少，也是現代人缺鎂的原因之一。當鎂長期攝取不足時，體內淋巴細胞的活動能力明顯下降，導致抵抗力降低，久而久之，身體中的癌細胞就會活躍起來，趁機興風作浪，這時，癌症不可避免地發生了。

相關資訊

有位歐洲醫生注意到一個奇怪現象：歐洲人生活條件普遍優越，高於埃及人。然而埃及人癌症發病率卻只是歐洲人的1／10。更為驚奇的是，埃及人即使患了癌症，病情發展也較緩慢。這是什麼原因呢？經過多年研究，他發現埃及人生活的地區，土質中的鎂十分豐富，而且他們膳食中攝取的鎂也很多，平均是歐洲人的5、6倍。

鎂與癌症的關係如此密切，不由得讓人急切地想知道，怎麼樣才能讓體內的鎂充足起來呢？

最好的辦法就是每天多吃富鎂的食物。鎂存在多種食物中，正常膳食足以維持鎂的攝取量。問題是現代人存在上述膳食缺點，使得鎂長期微量缺乏。為了改善這一狀況，有必要提醒人們注意以下幾點：

①多喝硬水，不要總是飲用軟水。鎂在水中的含量差異很大，硬水，也就是我們平常喝的自來水、礦泉水等，其中富含鎂離子，而軟水，像純淨水、蒸餾水等，其中的鎂離子幾乎流失殆盡，常常飲用自然造成缺乏。

②變「美食」為「鎂食」。磷酸鹽會阻礙鎂在體內的吸收，所以要控制含磷多的食物。魚、蝦肉、蛋等高蛋白食物中富含磷，使得鎂在腸道內無法吸收，因此現代人須變「美食」為「鎂食」，不要貪圖口福，壞了肚腹，要多吃富鎂的粗糧。

鎂主要存在於糧食作物的皮殼中，可是人們加工時把含鎂多的皮殼扔掉了。為了獲取足量鎂，不妨多吃整粒的種子、未經碾磨的穀物、玉米、麥片、黑麵包，口味可能一般，卻會提供豐富的鎂。

③酒、咖啡、濃茶，都是適可而止的飲品。酒中的乙醇、咖啡中的咖啡因、茶中的茶鹼，在體內含量過高時，都會降低內腔鎂的濃度，進而影響鎂吸收。所以，要想攝取

足量鎂，最好適當控制這些飲品。

④多吃綠色蔬菜。鎂是綠色素的主要成分，植物進行光合作用時離不開它。因此綠色蔬菜中富含鎂，當體內缺鎂明顯時，一杯鮮蔬菜汁會帶來極大驚喜。

⑤少吃精鹽，限制鈉量。在自然界中，鎂的最大寶庫是大海，海水中的鎂十分豐富，海鹽中的鎂當然少不了。然而現在人吃的多是精鹽，精鹽中鎂少了，鈉卻沒變。當鈉多時，會影響鎂吸收。所以，控制鈉鹽攝取，也是補充鎂的一個途徑。

體內鎂攝取不足，常見的還有一種情況：營養不良。營養不良者攝取營養過低，如果沒有額外補充鎂，自然引起鎂極度貧乏。除此之外，引起鎂缺乏的還有排泄增多現象。某些疾病常常是這一現象的誘因，糖尿病、甲亢患者，他們消耗體能很大，鎂過低也就不足為怪；慢性腹瀉，會排出體內的大量鎂，讓鎂總是不夠用；腎炎患者，也會加速鎂排泄，還有些藥物像是新黴素都可能引起鎂缺乏。這些原因引起的鎂缺乏，問題往往較為嚴重，必要時，可以去醫院檢查測定，在醫生指導下服用藥物。

缺鎂易誘發女性痛經

女性經前常常出現情緒緊張、易煩躁、腹痛等症狀，鎂對此也有著不可推卸的責任。這是因為鎂具有維持激素正常水準的功能，而且還能夠幫助神經衝動傳導。通俗地講，如果鎂缺乏之時，緊張激素分泌會增多，情緒容易緊張，也就容易引起痛經等症狀。

對女性來說，每天補充200mg鎂，會緩解痛經現象。女性補鎂，途徑很多：

①休閒食品受女性關愛。多吃一點瓜子、花生、杏仁，這些富鎂的食品對女性很有好處，還能放鬆心情，可謂一舉兩得。

②多關注五穀雜糧，多買多做多吃。五穀雜糧不僅含鎂豐富，還能減少脂肪攝取，對於愛美的女性來講，也算是物美價廉的瘦身食材了。

【補鎂食譜】玉米蕎豆餅

材料：等量的玉米、蕎麥、大豆。

製作：將玉米、蕎麥、大豆磨細，加水，製成餅，或烤或蒸，熟透即可。

功效：經常食用，不僅提供豐富的鎂，還因為碳水化合物、脂肪低，對於降低體重，保持體型大有益處。

③海產品中的鎂也很豐富，不妨在膳食中適當增加。

當然，能夠為女性提供鎂的食物還有很多，女性朋友們不妨在餐桌上多增加青菜、茶油、骨頭湯等。水果是含鎂較少的食物，但有一個例外，這就是香蕉，所以愛吃水果的女性，要想緩解痛經，多吃香蕉可是難得的好方法。女性補鎂，也有需要注意的問題。由於痛經不僅受到鎂影響，還與鈣、鉀有關，它們都有可能誘發痛經。所以補鎂時，不要忘了補充鈣和鉀。一個十分簡單易行的辦法就是：睡前喝一杯熱牛奶，並在奶中加一茶匙蜂蜜。牛奶富含鈣、鉀，蜂蜜含鎂豐富，三者均衡吸收，自然滿足身體需求。

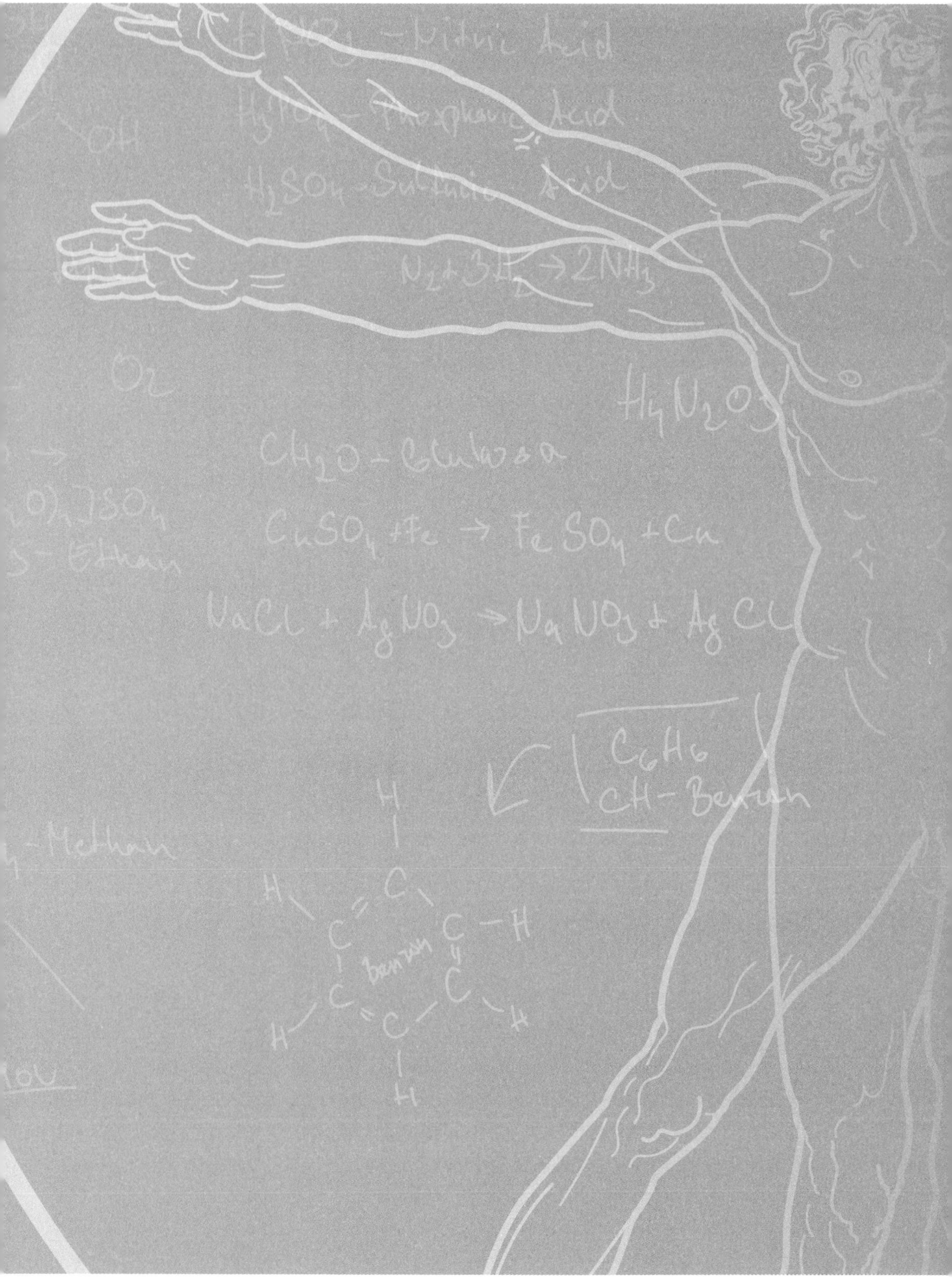

H3PO4 - Phosphoric Acid
H2SO4 - Sulfuric Acid
N2 + 3H2 → 2NH3
O2
H4N2O3
CuSO4 + Fe → Fe SO4 + Cu
NaCl + Ag NO3 → Na NO3 + Ag Cl
C6H6
CH - Benzen
Methan
Ethan
benzen

Chapter 7

氯

自然形成的消食片

氯，是人體內一種特殊的必須礦物質。這種物質在自然界中並無獨立存在的機會，總是與其他元素結合，形成氯化物。最普通的形式是食鹽。

在人體內，氯約有100g，大多數與鈉、鉀結合，其中氯化鈉佔絕大多數，存在血液中；氯化鉀很少，存在細胞內液中。血液中含氯高達0.25%，比其他礦物質含量都高。氯可以不停地穿梭細胞內外，幫助排出體內的二氧化碳。所以，氯和鈉、鉀一起，是維持體液酸鹼平衡的重要物質。

然而，氯做為人體必須礦物質，最值得推崇的地方在於它的消化能力。氯在消化系統的功能獨一無二，它是胃液中鹽酸的主要成分。鹽酸是一種強酸，也叫胃酸，能夠提供酸性環境，啟動胃蛋白酶原，促進胰液、膽汁分泌，分解進入胃內的各種食物；而且，它還抑制和殺死隨著食物一起進入胃部的細菌。

這就是說，氯就像一劑消食片，很好地維持著胃的消化功能。如果氯減少了，不能合成足夠的鹽酸，那麼食物在胃裡的消化、吸收都會減弱，而且細菌繁殖，會引起各種疾病。這樣一來，人體就會食慾減退，渾身乏力，逐漸地出現抵抗力下降等症狀。

相關資訊

生活中，人們常常聽到生理食鹽水這一說法，知道它是吊點滴時常用的液體，卻很少瞭解它的成分和功能。實際上，生理食鹽水的主要成分就是氯化鈉，進入人體後，一面補充身體所需，一面進行殺菌消毒工作，功能可謂強大。

鹽酸不但可以促進一般食物消化，因為氯離子與鈣、鐵等金屬離子較強的結合能力，它還能與這些物質形成可溶性鹽，促進它們的吸收。如果氯離子減少，勢必影響這些礦物質元素吸收利用，造成人體缺乏，各種問題就會越來越多。

所以，維持氯離子含量是人體必須的，那麼，正常人每天應該攝取多少氯離子呢？對人體來說，氯離子適合的範圍較為寬泛，成人每天攝取量在1700～5100mg之間；青少年每天攝取量在1400～4200mg之間；兒童每天攝取量在500～2500mg之間；嬰兒每天攝取量在275～1200mg之間，都算是均衡的。

日常生活中，食鹽是人體氯的豐富來源，只要正常膳食，一般不會出現氯離子過低的問題。不過當出現特殊情況，人體攝取不足或者排除過多時，也會發生氯離子不足的現象。

①高溫下作業，大量流汗可以加速氯化鈉排出，造成體內氯離子減少。體內氯離子主要由腎臟排泄，也有少量從汗中流失，當出汗增多時，自然也帶走部分氯。這時，往往出現肌肉輕微抽搐、乏力等症狀。

②嚴重嘔吐不能進食、長期腹瀉都會造成氯離子流失增加。身體內氯和鈉往往相平衡，當吃進去的鈉減少時，尿中的氯也會下降，體內的氯化物隨著減少；而腹瀉會帶走過多的鈉，氯離子也不知不覺隨之而去。人體漸漸變得無力、抵抗力減低。

③有些特殊人群，像使用利尿劑的病人、肺心病患者、腎功能異常者，由於排泄功能出

現問題，氯離子流失量上升，也會造成缺乏。補充氯離子，最簡單的方法就是飲用淡鹽水，多吃食鹽和其醃製品、醬油等等。可是，有些人口味較淡，這時不妨選擇海帶等海藻類食物、橄欖或者茶，其中也含有一定量的氯。

還有人擔心鈉離子過量，可以選擇鈉鹽替代品，鉀鹽、鎂鹽、碘鹽等，分別是氯離子與鉀、鎂、碘合成的鹽，既可以滿足口感，又能補充相對的礦物質，限制鈉攝取量。

對偏愛水果的人來說，運動後除了飲水外，多吃番茄和香蕉，也是補充氯的好方法。香蕉含氯，番茄富鉀，既能滿足需求，還十分可口。

當然，患病者在補充氯離子時，問題就變得比較麻煩，最好在醫生指導下用藥。

測一測：你有這樣的行為嗎？

你是不是還在飲用氯漂過的自來水？或者用這樣的水洗菜、洗澡？
你是不是還在大量食用鈉鹽、鉀鹽？
你是不是常常使用消毒液？
你是不是經常用塑膠袋、塑膠盒裝食品？

這些行為看似無關緊要，卻極大地增加體內一種礦物質的含量，這就是氯。氯在自然界中並無獨立存在的機會，總是與其他元素結合，形成氯化物。自來水中的氯、消毒液，都含有次氯酸鈣；鈉鹽、鉀鹽，是鈉和鉀與氯的結合物；塑膠袋、塑膠盒，如果不是專門裝食品的，其中含有聚氯乙烯。

氯很容易進入體內，如果長期攝取過量，就像體內安裝了一顆定時炸彈，隨時會引爆動脈硬化、高血壓、心臟病、癌症，加速身體衰老。

與過量相比，氯過低的危害更為明顯和直接，在大量出汗時，高強度運動後，嚴重嘔吐腹瀉時，長期鈉鹽攝取不足時，身體內氯流失過多，含量過低，出現了食慾減退、肌肉無力等症狀，嚴重時還會發生抵抗力降低、鹼中毒。

氯與腎的相互依存

現實生活中，人體內氯離子很少缺乏，卻經常出現過量的事件。氯為什麼會過量呢？

在人體內，氯與鈉、鉀是關係最親密的朋友，它們分別在血液中和細胞內，共同維持著體液穩態以及酸鹼平衡。

當三者隨著代謝來到腎臟時，它們的關係變得更為奇妙。由於腎臟的強大保鈉機制，鈉離子重吸收，濃度升高，引起水被動重吸收。一起路過的氯、鉀沒有辦法，濃度被迫升高。這樣的結果是，氯和鉀被動擴散，也被腎小管重吸收進入血液。

可見，鈉的主動吸收，是氯排泄的決定因素。確實，氯經過被動吸收後，99%會重新進入血液。剩餘的氯主要以氯化鈉的形式隨著尿液排出，也有部分以氯化銨的形式排出。

氯不斷排出，人體就必須每天攝取，保持身體所需。食鹽是提供充足氯離子的最好辦法，可是，由於氯的殺菌功能，現代飲用水大部分採取氯消毒，讓人們在不知情的狀況下，額外攝取了過多地氯離子。

相關資訊

氯具有超強的結合能力，可以與天然有機物、腐殖質相結合形成潛在的致癌物——三鹵甲烷。為了降低水中的氯，人們採取減少投入量、改用二氧化氯、氯化溴、氯胺等消毒的方法，可是這些氯照樣有害。

一般來說，氯離子可以在體內透過代謝，達到平衡，不會引起危害。可是如果長期地攝取氯過多，腎臟排泄機制障礙時，就會造成慢性氯中毒。氯中毒會使體內產生過多自由基，損害細胞，危害身體各個系統，讓人體出現神經衰弱、煩躁、消化功能障礙、肝腫大異常、皮膚過敏、指甲變薄、甚至出現肢端溶骨症。更為可怕的是，氯離子過多會誘發癌症。長期接觸聚乙烯的職員，比常人更容易患肝血管肉瘤，這已是很多國家明文規定的職業病。

由於氯離子引發的各種病症較為緩慢，有些要長達十幾年、幾十年才有所徵兆，因此氯過多也就不怎麼為人關注，為此有必要提醒人們從以下幾方面注意自己攝取氯離子的情況。

①盡量不用含氯的水。不管漱口刷牙，還是洗菜淘米，含氯的水都會被吸收入體內，還會破壞食物中的維生素，造成營養成分流失。可選擇淨水器去除自來水中的氯，讓水質更健康。

②蔬菜、水果一定要清洗乾淨。現在，蔬菜、水果普遍經過農藥噴灑，農藥中含有大量氯的有機化合物，如果清洗不徹底，會攝取有害氯。

③不要用含有聚氯乙烯的塑膠袋、塑膠盒裝食品，也不要用含氯的消毒液消毒食品。塑膠袋、塑膠盒是盛裝食品的簡便用具，可是塑膠有兩種材料來源，一是聚乙烯，一是聚氯乙烯。兩者的區別是前者不含氯，後者含有氯。相對來說，前者更安全，後者一般有毒性。

區分兩者，有幾點關鍵因素：前者乳白色，半透膜狀，手感潤滑，後者透明狀、手感發黏；前者易燃，火焰黃色，似蠟燭燃燒，後者不易燃，火焰綠色；前者抖動時，發出脆音，後者抖動時，聲音低沉。

氯在小腸中的流水作業

由於氯的消化功能，不少人認為氯是直接進入胃內，就開始工作的。實則不然，食物中的氯進入人體後，主要在小腸被吸收，然後進入血液，透過腎臟重吸收，再次進入血液，其中的一部分才用來生產鹽酸，即胃酸。

胃酸產生後，不是單純地在胃內工作，還會隨著食物進入小腸，促進膽汁、小腸液生成，共同完成食物消化任務。

看來，氯是參加了消化道的整個流水作業。在這一過程中，氯不僅會幫助食物消化，促進鈣、鐵吸收，還會殺死很多微生物，對維生素產生一定影響。這些功能無可替代，同時具有著雙重性。

首先，胃酸殺死的微生物，其中既有有害菌，也有有益菌。殺死有害菌固然功績卓著，可是殺死有益菌，同樣會造成慘重損失。消化道中的微生物很多，只有它們達到一個固定的比例時，身體才會處於健康狀態，一旦有些菌類減少，身體自然會不舒服。

其次，胃酸會促進有些維生素吸收，如維生素B_{12}，可是也會破壞某些維生素，如維生素E。

相關資訊

不少美國人因為工作壓力過大，常常遭受胃病之苦，為此他們迷戀上各種解酸藥物。可是這些藥物大大地減少維生素A的吸收。為此，建議改用植物解酸藥，薄荷茶、涼黃春菊，這些都是很好的藥物。

為了彌補這些缺憾，當你感到胃內胃酸過多時，可以透過膳食來調節。

①吃一些酸乳酪。乳酸菌是體內經過胃酸、膽汁滅菌考驗後，僥倖存活下來的少量菌群。可以幫助增加腸道內有益菌群。堪稱人體最安全的微型伴侶。酸乳酪是由變酸的牛奶製成，其中主要成分為乳酸。所以，吃一些酸乳酪，會增加乳酸菌，提高腸胃消化功能。歐洲有「酸酸甜甜變美女」的諺語，說的就是多吃酸乳酪，會改善消化狀況，讓身體更健康，更美麗。

②補充維生素E、β胡蘿蔔素。胃酸會影響多種維生素的吸收，其中破壞維生素E的效果很明顯。膳食中可以補充富含維生素E的食物，或者服用維生素E藥丸，服用藥丸時，最好在兩餐之間，會有利於吸收，免遭破壞。補充β胡蘿蔔素時，先喝2～3茶匙的蘋果醋或酸泡菜湯，會有利於胃酸增加。

洗澡時應注意氯的侵入

氯不僅能透過口進入人體，還會透過肺和皮膚進入血液。這一點對預防氯過量來說，也許是很多人沒有考慮到的問題。然而科學研究結果讓你大吃一驚：洗澡時透過皮膚和肺進入體內的氯，比直接飲用含氯的自來水要多6～100倍。

洗澡時，皮膚毛孔和微血管完全打開，水中的氯可以肆無忌憚地從毛孔進入血管，到達體內。

而氯，做為一種活躍的元素，很容易從水中揮發出來，這時，如果在密閉空間洗澡，氯散不出去，也會透過呼吸進入肺，然後來到血液中。很多人在洗澡後都有頭重腦暈的感覺，就是因為吸入了太多的氯。

研究發現，當一個人洗澡10分鐘時，他體內透過自來水進入的氯40％是吸入的，30％是皮膚吸收的，30％是喝進去的；當洗澡時間延長一半，達到20分鐘時，氯的進入量分布發生改變，60％是吸入的，30％是皮膚吸收的，而只有10％是喝進去的。

這一發現怵目驚心，這些過多的氯進入體內，只有靠肝臟解毒，會極大加重肝臟負擔，導致肝臟疾患。

所以，洗澡時要注意氯的侵入，最好做到：

①洗澡時盡量通風，讓氡散發出去而不是吸入體內。

②洗澡時間不要太長，能快則快。

③洗澡後多喝純淨水，稀釋進入體內的氡，也可以多運動，加速新陳代謝，讓氡更快排出體外。

在生活中，與洗澡一樣會受到氡侵害的還有游泳。大多數游泳池為了消毒，會放進去很多氯，所以游泳後必須用清水沖洗，可以喝大量純淨水，這都是排泄氡的好方法。

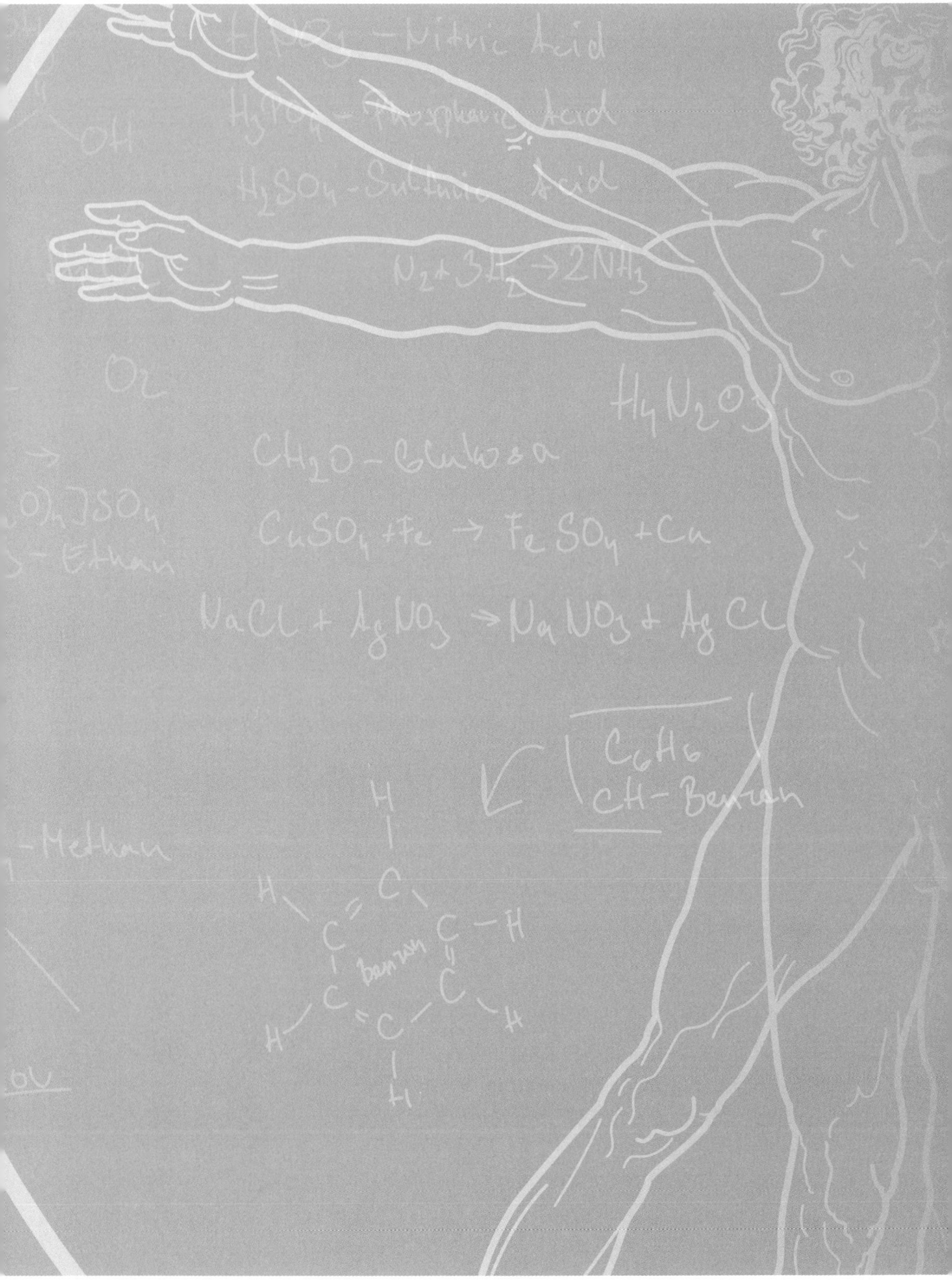

HNO_3 - Nitric Acid
H_3PO_4 - Phosphoric Acid
H_2SO_4 - Sulfuric Acid
$N_2 + 3H_2 \rightarrow 2NH_3$
O_2
$H_4N_2O_3$
CH_2O - Glukosa
$CuSO_4 + Fe \rightarrow FeSO_4 + Cu$
$NaCl + AgNO_3 \rightarrow NaNO_3 + AgCl$
C_6H_6
CH - Benzen
Benzen
- Ethan
- Methan

Chapter 8

硫

身體排毒的原料油

硫在人體內含量較多，約佔體重的0.25％，其中毛髮、皮膚和指甲中濃度最高。

硫存在人體的每個細胞內，85％都是以甲基磺醯甲烷的形式存在，其餘的以硫辛酸、二氫硫辛酸等形式存在，它們扮演著疏通道路、排出毒素的角色，有它在，身體內的有毒物質會被乖乖降伏，隨著尿液、糞便排出體外。一旦失去它，毒物就會堆積，道路就會堵塞，人體運作失去保障，身體陷入癱瘓之中。

人體在生命活動過程中，或者透過膳食、或者透過呼吸、或者經過自身代謝，會吸收和產生很多毒物，比如酚、甲苯酚，這些物質如果不即時排出去，會堆積成患。人體的肝臟是排毒的大工廠，透過還原、氧化等各種方法排出這些毒物。可是，在排毒過程中，如果沒有硫，工作就無法順利進行。

存在氨基酸的硫進入體內後，在代謝過程中分解成硫酸，這些硫酸會與酚、甲苯酚結合，形成無毒化合物，然後經過血液循環到達腎臟，由尿液排出體外。當然，也有一部分不能回到血液的化合物，會由糞便排出。

硫不僅能夠排出酚、甲苯酚等有害物質，還有著一項特殊的使命：清除細胞內的有毒金屬。汞、鉛、鋁都是有毒金屬，它們極易進入體內，損害細胞，影響健康。硫存在每個細胞內，對清除它們具有獨一無二的功能。

更為重要的是，硫在體內的有機物——硫辛酸還能透過血腦屏障，清除大腦中的汞、鉛、鋁，阻止它們進入中樞神經系統，對於抑制老年性癡呆效果卓著。

相關資訊

洋蔥富含硫，可以與蛋白質很好結合，對肝臟特別有益，有助於排毒。如果以洋蔥為主菜，配以花椰菜、胡蘿蔔、芹菜等高纖維蔬菜，做一鍋湯，食用後會極大地分解體內累積的毒素，潤腸通便。

硫如此重要，人體都是透過哪種途徑獲得它呢？

①硫和其他礦物質一樣，主要透過膳食供給，其中蛋白質食物中的硫含量最高，高達0.4％～1.6％。由於各種蛋白質含硫量不同，可以混合食用，這種情況下，硫含量平均為1％。

②蛋白質食物包括魚、肉、蛋、奶，還有豆類及各種堅果、穀物，這些食物中都含有硫，當一個人正常膳食時，身體會獲得充足的硫，不會產生缺乏之問題。

③水果、蔬菜，特別是有刺激性氣味的蒜、洋蔥、捲心菜、辣椒、花椰菜等等，其中含有的硫也特別豐富，因此人體缺硫的情況很少發生。

推薦一個膳食小技巧：吃香腸時，配用青蒜、生蔥，可以提高硫含量，防癌。因為青蒜、生蔥中含有硫，可以促使體內排出致癌物質酵素，相對減少患癌症的機率。

測一測：你有這樣的行為嗎？

你是不是討厭辛辣食物，平時很少吃大蒜、洋蔥、蔥？

你是不是不喜歡海產品，從來不接觸海魚、海蝦、海藻？

你是不是特別愛乾淨，每次洗菜、洗水果都特別賣力，恨不能將它們洗得透明，才肯放進嘴裡？

你是不是素食者，拒絕任何肉、蛋、奶？

你是不是正在減肥，不肯攝取蛋白質？

你是不是菸癮很重，整天吞雲吐霧？

很遺憾，這些做法會讓你的身體漸漸出現問題，皮膚變得粗糙枯黃；頭髮、指甲開始失去光澤；運動後渾身痠痛，幾天不見好轉；便秘；一不留神會扭傷肌肉，抵抗力逐漸降低……

這是體內缺乏硫的表現，硫的攝取減少，讓你渾身都不自在。

對抗自由基萬能活氧劑

生命處於不斷代謝中，不但會產生毒素，還會產生很多自由基，這些自由基非常活躍、極不安分，隨時可能破壞細胞膜、損傷基因、使酶失去活性，進而導致各種慢性疾病，讓人體提前衰老。

即時將它們清除體外，是人體一項重要工程。慶幸的是，人體具備一套完整的系統來對付自由基，這套系統中包括SOD等酶類，谷胱甘肽，維生素C、E，胡蘿蔔素，硒等抗氧化劑。如何讓這些抗氧化劑發揮最大功效，硫具有至關緊要的作用。

首先，硫是人體內最重要的抗氧化劑，不僅能溶於水也能溶於脂肪，能夠順利達到每一個細胞，清除其中多餘的自由基，因此被稱為「萬能活氧劑」。

細胞之所以老化，就是生產能力減弱了，在硫作用下，又可以生成更多更有效的物質，當然變得年輕了。年輕的細胞為身體帶來許多變化：

①自身的治癒能力增強，傷口復原速度變快。

②過敏症狀減輕。

③血液循環得到改善，炎症恢復加速。

④運動後肌肉痠痛減輕，疲勞不再。

⑤各種疼痛、壓力減輕，大腦運行正常，更容易集中注意力。

⑥消化系統得到改善，寄生蟲病減少。

⑦皮膚光滑有彈性，頭髮和指甲長得更快。

種種變化讓健康的人體更加舒適，讓患有哮喘、關節炎、過敏症、腰痠背痛、糖尿病、牛皮癬、胃潰瘍、紅斑性狼瘡、便秘、打鼻鼾等患者獲得意外驚喜，病症減輕，身體逐漸康復。

相關資訊

硫，自古就是醫家要藥，李時珍在編著的《本草綱目》中，認為硫可以治腰腎久冷，除冷風頑痺寒熱，生用治疥癬。

硫會排出多餘的自由基，讓身體更年輕、更健康。這一點在運動後的表現尤為突出。當一個人運動後，體內乳酸、自由基增多，往往會出現肌肉痠痛，十分疲勞的狀況。這樣的情況如果持續得不到緩解，就要留意自己日常膳食中有沒有攝取充足的硫，是不是硫不足導致這種狀況。

硫不足的情況很少出現，但當長年抽菸時，體內的硫為了排除菸造成的毒素，會大量流失。

當一個人拒絕肉食、蛋奶，也不透過豆類補充蛋白質時，體內的硫逐漸損耗，而從不增加，終於導致硫過低。

做為硫在體內的最主要形式——MSM存在各種新鮮食物中，蔬菜、水果、肉、魚、奶都有豐富的MSM，可是它揮發性極高，而且溶於水。因此在儲存、清洗和加工食物過程中，讓MSM幾乎流失殆盡，人體也就很難獲得。

看來，要想從食物中獲取足夠的硫，維持身體需要，減輕肌肉痠痛和疲勞，就要從以上幾點留意，盡量做到：

①不抽菸，或者盡量少抽菸。

②膳食中增加含硫蛋白質。硫並非存在任何一類蛋白質中，只有胱氨酸、半胱氨酸、牛磺酸、蛋氨酸中含有硫，所以應該多吃由這些氨基酸合成的蛋白質。乾乳酪、瘦肉、蛋黃中富含這些氨基酸，不妨多吃。

③多喝水，並適當補充維生素C。維生素C是抗氧化劑，可以在硫的作用下，更強有力地清除自由基。

硫元素的美容功效

硫在表皮系統濃度最高，達到5％。這一比例讓人驚嘆硫對毛髮、指甲和皮膚的重要性。確實，這些器官或者組織無法離開硫，硫缺乏，會讓皮膚彈性降低、暗瘡湧現，特別是青少年，他們青春痘增多，很難消除；還讓頭髮變枯、分叉，指甲失去光澤。

這些容貌上的改變，常常讓人坐臥不安，透過各式各樣的辦法服用藥物、塗抹化妝品，渴望一朝容光煥發。可是這些方法大多有害無益，讓症狀更加厲害，毫無好轉的可能。

如果能夠知道硫的作用，問題一定會好解決得多。

硫存在的氨基酸，是角蛋白、膠原蛋白的合成成分。角蛋白是指甲、毛髮和皮膚生長必須的物質，可以讓我們的指甲和毛髮生長良好，富有光澤、彈性；讓我們的皮膚結實細膩，像屏障保護著體內器官。膠原蛋白是皮下組織、結締組織的主要成分，可以讓皮膚柔滑光澤、彈性好，消除疤痕，關節靈活。

同時，硫還具有殺菌排毒的功效，能夠很好地清除皮膚上的寄生蟲，有助於抵抗細菌感染。

相關資訊

硫磺皂，是最常見的皮膚消炎用品，可以殺死蟎蟲、真菌，對青春痘、溢脂性皮炎、接觸性皮炎、日光疹等皮膚病效果良好，有美膚作用。但長期使用硫磺皂，會引起皮膚乾燥和脫皮，需要用補水的潤膚霜。

除了外用外，透過內服補充硫也是美容的好辦法。尤其是女性朋友，特別渴望有一張潤滑細膩、光澤的臉龐，這時，就要從飲食、服藥上補充硫。

①酸性食物和鹼性食物搭配食用。現在流行一種說法，鹼性食物是美容食物，酸性食物不利於美容。所謂的酸性和鹼性食物，是針對食物中含有的礦物質成分而言的。其中含硫、磷、氯較多的食物，一般屬於酸性食物，如肉、蛋、魚蝦、米麵；而含鈣、鉀、鈉、鎂較多的，屬於鹼性食物，如蔬菜、水果、菌類等。為此不少愛美人士大吃鹼性食物，而有意避免進食酸性食物。

可是，我們從硫對美容的作用來看，如果只吃鹼性食物，而不攝取含硫食物，未嘗不是一種得不償失的做法。

相關資訊

氣味濃烈的蔬菜含硫多，愛美人士不妨多吃洋蔥、大蒜、捲心菜，儘管口味特異，卻可以提供豐富的硫。另外，吃100g炒花生會提供377mg硫，100g可可粉含203mg硫。

②多吃新鮮食物，特別是夏天，可以生吃很多水果、蔬菜。日常膳食中，盡量少儲存、少烹飪、少加工，加熱、蒸熟、脫水或烘乾，都會流失太多的MSM。

③動物肝臟中富含線粒體，線粒體上儲存著很多含硫氨基酸，多吃會增加硫辛酸含量。另外，馬鈴薯、菠菜和肉類中也含有硫辛酸，可以適當增加攝取量。

④補充MSM和硫辛酸藥丸。MSM和硫辛酸是目前上市的含硫藥丸，對於它們的作用，我們在前面已經有了詳細瞭解。服用這些藥丸時需要注意：

注意用量，MSM每次1～3粒即可，可同時服用維生素C；餐前服用。

硫辛酸在食物中含量較少，可每天補充25～30mg。由於它超強的抗氧化作用，對急需減掉體內多餘脂肪的人來說，每天服用200～400mg，會有意想不到的效果；餐後或餐中服用。

缺少硫，肌肉容易拉傷、扭傷

做為氨基酸的重要成分，硫在肌肉中的作用也是不容忽視的。肌肉是由一道道肌肉蛋白纖維合成的，它們的伸縮運動，讓身體可以自由活動。組成肌肉蛋白的基礎元素是氨基酸，氨基酸中儲存著大量硫。對一個成年男性來說，體內大約有175g硫，大部分都在肌肉中。當一個人體內硫不足時，肌肉會失去彈性，變得較弱，強力運動會讓肌肉容易拉傷、扭傷。

另外，硫還存在結締組織中，具有減輕炎症、改善疼痛的作用，可以讓筋骨更強壯，有利於肌肉收縮運動。研究發現，患關節炎病人的軟骨中，硫的水準普遍較低

相關資訊

MSM有減輕炎症的作用，關節炎病人每天服用2250mgMSM，六週後，疼痛得到明顯緩解。

在我們生活中，攝取硫元素時需要注意：

①飲用水中的硫酸鹽。硫酸鹽是水中常出現的有害物質，如果含量過高，水質呈酸性，會讓飲用者腹痛、腹瀉，表現出水土不服的症狀。

②食物中的二氧化硫。二氧化硫類物質透過生成亞硫酸，對食品有漂白和防腐作用，因

此常用在食品工業中。二氧化硫進入體內後，會生成亞硫酸鹽，亞硫酸鹽經過氧化成為硫酸鹽。硫酸鹽如果能夠正常解毒可以隨著尿液排出體外，但是當它含量過高，身體無法正常分解時，會累積中毒。出現噁心、嘔吐等症狀，還會影響鈣吸收，久而久之引起低鈣血症。

③空氣中的二氧化硫。現代工業造成空氣污染，大量二氧化硫排放到空氣中，如果長期吸入含有二氧化硫的空氣，會引起嗅覺遲鈍，並出現慢性鼻炎、支氣管炎、肺通氣功能障礙等呼吸道症狀，使人體免疫功能下降。

可見，預防攝取有害硫，要多喝衛生乾淨的水，最好是弱鹼性水；還要留意食品用的防腐劑，如果是二氧化硫，最好杜絕；至於空氣中的二氧化硫，因為氣味刺鼻，比較好識別，可以敬而遠之，有條件的話，多到戶外呼吸新鮮空氣，也是個好辦法。

Chapter 9

鐵

血紅蛋白的輸送工具

鐵存在人體內，而且是不可缺少的礦物質。在人體必須的微量礦物質中，鐵位居榜首，約有4～5克，女性比男性略少。鐵的含量隨著年齡、營養狀況改變，而發生較大變化。

相關資訊

1823年，有位年輕婦女患上當時稱之為「血中有色物質缺乏」的疾病，醫生採用鐵製劑藥物為她治病，結果獲得療效。5年後，學者證明了貧血是缺鐵引發的疾病，提出在奶粉中強化鐵，可以預防和減輕貧血的主張。

人體內的鐵分布廣泛，幾乎所有組織中都有，肝臟、脾臟中含量最高，其次是肺、腎、心、骨骼肌與腦。

鐵在體內有兩種存在形式，即功能性鐵和儲存鐵。前者是鐵的主要形式，主要存在血紅蛋白、肌紅蛋白和酶中，其中血紅蛋白含鐵最多，約佔體內總鐵量的60～75％。這類鐵負責運輸氧氣，發揮著強大的功能。儲存鐵以鐵蛋白和血黃素的形式存在，其中鐵蛋白儲存在血液、肝、脾和骨髓中，血黃素構成各種細胞色素，約佔鐵總量的25～30％。

從鐵的分布和含量可以看出，鐵的功能非常全面，其中最重要的作用就是參與氧的運輸和儲存。我們知道，氧氣進入體內後，必須經過血液循環到達身體的每個部位，供人體需求。在血液中，血紅蛋白是氧的載體，它裡面的鐵可與氧氣結合，達到運送氧的目的。

沒有鐵，就沒有血紅蛋白，也就無法輸送氧氣。

鐵不僅輸送氧氣，還能夠結合血液中的二氧化碳，將它們帶回肺，透過呼吸排出體外。除了運輸氧，鐵還能儲存氧。原來肌紅蛋白中的鐵可以結合氧，是肌肉中的「氧庫」。當人體運動時，這部分氧就會釋放出來，供肌肉所需。

總之，對氧來說，鐵就像一輛營養快車，一旦缺乏，人體會出現嘴唇發白、頭暈煩躁、疲勞乏力等症狀。當缺鐵嚴重時，血紅蛋白合成受阻，數量減少，就引起可怕的貧血。

鐵的功能不只於此，鐵還參與多種酶的組成，催化β-胡蘿蔔素轉化為維生素A、促進嘌呤與膠原的合成、抗體的產生，以及參與肝臟解毒工作。

另外，細胞線粒體上的鐵還直接參與能量釋放。

測一測：你有這樣的行為嗎？

是不是常常覺得身體軟弱無力、困乏疲勞？

是不是出現皮膚、指甲、嘴唇蒼白或者蒼黃症狀？

是不是輕微運動後也感到頭暈、心慌氣短？

頭髮是否乾枯發黃，還經常掉落？

是不是無緣無故就覺得眼花耳鳴、注意力不能集中、記憶力減退？

是不是嗜睡，卻無法睡得安穩，睡眠品質極差？

是不是不想吃飯，嬰幼兒還出現厭食、偏食、異食癖？

生理週期來臨時，經血是不是減少，顏色淺淡，而且時間短於3天？

以上八種徵兆，如果一個人同時具備了三種，那麼就不無遺憾地告訴他，他體內缺鐵了。補鐵，已是刻不容緩的事情。

人體對鐵的需求量

對正常成人來說，男性每天攝取10mg鐵，女性每天攝取15mg～20mg鐵，是正常需求範圍。

嬰幼兒、青少年、孕婦和乳母、老年女性是鐵需求量較大的人群。

- 嬰幼兒生長發育期，鐵需求量大，一般來說，嬰幼兒每天需鐵10mg，特別是出生6個月後，母乳中不能提供充足的鐵，寶寶又不能透過膳食獲取鐵，這時必須補充鐵，不然很容易發生缺鐵，引發貧血。
- 青少年生長發育快，運動量大，鐵需求量大增，這時，一般男性需要15mg，女性為20mg。
- 少女鐵需求量大，原因在於青春期到來，生理週期會流失大約15.68mg的鐵，加上每天從尿液、皮膚中正常流失的，因此需求量遠遠高於男性。這也是女性容易發生缺鐵性貧血的主要原因。
- 孕婦、乳母擔負著養育下一代的重任，每天吸收的鐵會分給孩子一半，因此鐵需求量大增，每天需28mg左右。
- 老年女性，腸胃道吸收功能減退，攝取的鐵減少，造血功能衰弱，也容易引發缺鐵性貧血。

●進行高強度訓練的運動員，鐵需求量相對較大，因為鐵可以提高身體的耐力，讓身體更強壯。

目前，缺鐵已經成為全球性問題。聯合國兒童基金會曾經做過一項統計，認為目前全球大約有37億人缺鐵，其中大多數是婦女。

缺鐵不僅讓人體貧血，還會帶來全身性營養缺乏症。由於缺鐵初期，身體反應不怎麼強烈，因此讓很多人不能即時瞭解自己的身體狀況，無法即時補充鐵，進而帶來很大麻煩。做為一名女性，有必要留意寶寶和自身狀況，出現下列問題時，就要考慮是不是缺鐵了。

①主婦綜合症。25～50歲的女性，約有40～60％的人會常常感到全身疲憊、精力衰退、記憶力下降、情緒容易波動、常常悶悶不樂，還會無緣無故流淚，她們早上不想起床，又輾轉難以入眠。這一些症狀因為多發生在家庭主婦身上，故被冠名「主婦綜合症」。

患有此症的女性，在補充足夠的鐵後，身體狀況明顯好轉。

②異食癖。有些孩子非常奇怪，他們不喜歡媽媽準備的飯菜，卻對泥土、紙張、粉筆甚至石灰情有獨鍾，常常不由自主地抓起來就吃，吃得津津有味。還有些孩子在大冷天也哭著喊著吃冰。如果自己的孩子出現這些徵兆，那麼媽媽就可以肯定，孩子體內缺鐵、鋅，所以引起了異食癖。

③不管是媽媽還是寶寶，如果體內缺鐵，還有個共同特徵，他們的眼球鞏膜發藍，即白眼球發藍。這是因為鐵是合成膠原的重要因素，一旦缺乏，膠原纖維構成的鞏膜變得薄弱，色素膜也就呈現藍色。

鐵的食物來源

與大多數礦物質一樣，鐵的主要來源是食物。在人們正常膳食中，最豐富的鐵來源是動物肝臟和動物血，雞肝、牛肝、豬肝、雞鴨血，都是富鐵的食物，會為人體提供大量鐵。

將雞、鴨血用水浸泡後，切成塊翻炒，或者煮、燉，熟透後給幼兒食用，補鐵效果顯著。雞、鴨血口感滑嫩，營養物質易吸收。需要注意的是，血液中成分比較複雜，一定要熟透，而且不可過量，不能常吃，一次50g即可。

魚粉、魚子醬、可可粉、米、小麥黃豆混合粉中也含有豐富的鐵。

另外，蛋黃、牛肉、乾果、豬和羊的腎臟以及紅糖中含鐵也很多。而羊肉、豆類、麵包、香腸、菠菜、全蛋，其中含有的鐵量一般。

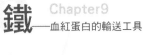

至於水果、脂肪、油、牛奶，和大多數蔬菜、糖果等，鐵含量極為微少。

可見，鐵在食物中含量並不豐富，如果膳食中不加留意，很容易發生缺鐵問題。那麼如何讓有限的鐵充分吸收，就是一門值得鑽研的學問。

①用鐵鍋做飯炒菜，補充鐵。鐵鍋，不用說是由鐵製成的。這種鐵與平時吃的米、肉中的鐵不一樣，它屬於無機鐵。前面說過，人體吸收無機鐵的能力比有機鐵強。所以，鐵鍋中的鐵更容易被吸收利用。用鐵鍋做飯，能夠提高飯的鐵含量近1倍；用鐵鍋炒菜，菜中的鐵含量會增高2～3倍。生活中，不少人還使用鋁鍋，或者鋁合金鍋，這都是不可取的。因為鋁會阻止鐵吸收，在體內沉積引起中毒。

②預防發生「牛奶性貧血」。很多人認為，牛奶、雞蛋營養豐富，會提供大量鐵。其實不然，牛奶含鐵很少，且吸收率只有10％；雞蛋的蛋黃雖然富含鐵，但是其中一種叫做磷酸醣蛋白軟黃高磷蛋白的物質，會干擾鐵的吸收，鐵吸收率降低。所以，如果餵食的嬰兒除了牛奶、雞蛋外，不添加其他輔食，很容易引起貧血。

相關資訊

嬰兒從4、5個月起，可以添加蛋黃、魚泥、禽血等食物；六個月後，可添加肝泥、肉末、血類、紅棗泥等食物，以維持寶寶的鐵需求。

③適當限制植物性食物，注意葷素搭配。糧食或者蔬菜中的植酸鹽、草酸鹽可以與鐵結合，形成不溶性鹽，阻礙鐵吸收。而且幾乎所有植物性食物中都含酚類化合物，這類物質會明顯抑制鐵吸收；另外，植物性食物中的鐵吸收率很低，大多數不到10％。還有，乳糖對鐵吸收有著積極作用，要是用澱粉取代乳糖，鐵吸收率會大打折扣。現在不少女性為了減肥美容，很少吃肉類，而以素食為主，這一做法會降低鐵吸收，對身體極為不利。因此，女性朋友還是要適當地吃一些動物肝臟、動物血……等的肉食，會大有益處。

④多吃富含維生素Ａ、Ｃ的食物，有助於鐵吸收。提到補鐵，有些人立刻就會想到菠菜，認為這是含鐵最豐富的蔬菜，多吃肯定有用。實際上，菠菜含鐵量一般，還含有影響鐵吸收的酚類。而單純地攝取鐵，沒有充足的維生素Ａ、Ｃ，照樣會引起貧血，原因就是維生素Ａ可以促進鐵吸收。維生素Ｃ可以還原三價鐵為二價鐵，也有利於鐵吸收。

維生素Ａ由β-胡羅蔔素轉化而來，存在肝臟、胡蘿蔔等食物中；維生素Ｃ則廣泛存在綠葉蔬菜、水果中，多吃這些食物，對補鐵很有用。

相關資訊

1998年，有研究者在100g穀物中加入500國際單位的維生素A，結果發現鐵吸收率提高1倍。

由於女性和嬰兒缺鐵問題的嚴重性，很多時候單純膳食依然無法滿足身體需求，這時服用藥丸就成為最後的途徑。

鐵製劑比較豐富，盡量選擇對人體腸胃刺激小、吸收好、口感好的產品，服用時需要注意：飯後服用；不要與牛奶同服；注意與其他礦物質藥丸的相互影響。鋅與鐵有較強的競爭作用，可互相干擾吸收，因此兩者不可同時服用；大量的鈣也會與鐵產生競爭，影響吸收，兩者也不能一起服用。

補鐵是十分必要的，但過多也會損害身體。

一般來講，鐵在體內過量時，會囤積在肝臟、胰臟、骨骼中，以儲存鐵的形式存在。可是鐵太多了，必定累及肝臟，對免疫系統發生損害。運鐵蛋白飽和，無法輸送鈣，而且含鐵酶活性降低，引起相關的毒性反應，危及心血管。

所以，服用補鐵藥丸要特別當心，千萬不可過量。

黑木耳是補鐵的首選食材

補鐵，除了前面講到的食物和藥丸外，還有一個秘密武器——黑木耳。

說起黑木耳，讓很多人跌破眼鏡的是，它的含鐵量竟然是食物中最高的。100g黑木耳中含鐵98mg，不要小看這一數字，要知道相同品質的豬肝的含鐵量不足20mg，菠菜含鐵量才3、4mg。黑木耳中的鐵比它們高出幾倍乃至幾十倍，真是補鐵之王，難怪營養學家稱之為「素中之葷」、「素中之王」。

相關資訊

中國自古就有黑木耳補血的傳統，中醫更是極力推崇它的功能，認為它可以益氣補血、潤肺鎮靜、涼血止血。漢朝的《神農本草經》中說：黑木耳可以用來治療女子血病，即貧血。

用黑木耳補鐵，具有很多優點：

①黑木耳不僅含鐵豐富，而且其中的鐵也非常易於人體吸收。

②黑木耳，味甘性平，可以製成各樣的美味佳餚，既能烹製成菜，如木耳炒肉、木耳炒蝦仁；還可以涼拌，如木耳拌三絲、糖醋木耳；也可以熬製成粥，如酸辣湯、黃瓜木

耳湯，總之一句話，它十分便於人們食用。

【補鐵食譜】清燉木耳香菇

材料：木耳300克，香菇8個，蔥、薑、黃酒、鹽等調味料適量。

製作：將木耳、香菇用冷水泡發，洗淨；將香菇用蔥、薑、黃酒、鹽調拌；然後將其一起放進煮沸的骨頭湯內，文火燉煮15分鐘。之後加入適量味精、胡椒。

功效：營養豐富，不失為滋補佳品。

③由於黑木耳食用後，不膩不燥，一般人都可以服用，而且可以長期服用。黑木耳30g，紅棗30個，加水煮熟，用紅糖調味，就是既經濟又使用的補鐵良方。黑木耳做為補品，藥力一般平緩，只能用於缺鐵較輕者，要是貧血嚴重了，必須配合使用藥物。另外，由於黑木耳比較不易消化，還有潤腸功效，所以脾虛胃寒者不可食用，以免腹瀉；黑木耳屬於菌類，因此對真菌過敏者也不能吃。

孕婦需要補鐵

懷孕後，準媽媽們會發現，最容易發生的營養問題就是缺鐵性貧血，有些地區50％的孕婦會有這一情況出現。

女人懷孕期間，本身身體對鐵需求量增加，同時胎兒生長發育需要一定量的鐵，還要為寶寶出生後儲備鐵，這樣一來鐵需求量自然比平時多了不少。一般懷孕早期日需求量為15～20mg，晚期為20～30mg。如果這時不能補充足夠的鐵，也就很容易發生缺鐵性貧血了。

孕婦補鐵，最好的途徑就是食補。可是有不少準媽媽提出這樣的疑問：「每天都吃含鐵豐富的食物，餐餐吃瘦肉、雞蛋，天天吃菠菜、豆芽、海帶，都吃膩了，怎麼還是缺鐵？」造成這一現象的問題很簡單，因為她們沒有掌握補鐵的正確方法，吃進去的鐵沒有充分吸收。要想獲得充足的鐵，維持母子健康，就要從以下幾方面加以留意。

①多吃動物性食物。人體易於吸收的二價鐵只存在動物的肉、肝臟、血液中，人食用後，利用率較高；而蛋類、蔬果中儘管含有豐富的鐵，卻都以三價鐵形式存在，難以吸收，也就不能補充利用。孕婦每週吃一兩次動物肝臟，像雞肝、豬肝，每次25g以上，是簡便易行的途徑，會補充20mg左右的鐵。同時，多吃動物血、瘦肉，也是

必要的補充手法。需要注意的是，動物肝臟並非多多益善，因為動物肝臟中含有維生素A，吃多了會引起中毒，而且生病動物的肝臟中存在大量毒素，切忌不可食用。因此，食用肝臟一定要選擇健康動物的，並煮熟、煮透，還要注意食用量。

②多吃富含維生素C的新鮮蔬菜、水果。維生素C可以促進三價鐵轉化為二價鐵。正是這一功能，讓它成為補鐵的最佳伴侶。但是維生素C活性很高，十分嬌嫩，只有存在新鮮蔬菜、水果，特別是酸味水果中的時候，才會發生功效。正常溫度下，24小時就會降低一半含量。為了獲取有效的維生素C，進食時必須注意以下幾點：

●蔬菜、水果即買即吃。存放時間過長是維生素C的大敵，會極大降低活性，影響功效。在各種水果中，奇異果含維生素C排位第一，是孕婦首選。

●蔬菜能生吃的，就不要烹飪。這是因為溫度升高，會加速維生素C氧化失效。必須烹飪時，要大火快炒，入鍋即出，不能炒太爛。

●適當加醋。酸性環境可是保持維生素C活性，增加吸收率。

●水果多生吃，少榨汁。榨汁時，勿使用鐵、銅等容器，以免氧化。

●勿以維生素C藥品代替蔬菜、水果。

③不喝咖啡、茶等刺激性飲品。咖啡中含咖啡因，會阻礙鐵吸收；茶中含鞣酸，會與鐵

結合，影響利用率，因此孕婦不要喝這類飲品，以免刺激人體吸收鐵的功能。

④膳食時講究食物合理搭配。含維生素C和氨基酸食物配伍食用，會提高鐵吸收率。如白米的鐵吸收率僅為1％，與肉類、蔬菜搭配食用，吸收率可提高10％以上；玉米中鐵吸收率僅為3％，餐前喝杯橘子汁或配富含維生素C的番茄、青椒等，則可使鐵的吸收率提高5倍。

【準媽媽的補鐵食譜】米飯配伍牛肉、胡蘿蔔和南瓜

材料：米飯100克、牛肉100克、胡蘿蔔50克、南瓜50克、高湯適量。

製作：胡蘿蔔洗淨，切塊；南瓜洗淨，去皮，切塊。牛肉洗淨，切塊，焯水。在鍋中倒入高湯，加入牛肉，大火燒，牛肉八分熟時，加胡蘿蔔塊和南瓜塊，並加鹽適量；至南瓜和胡蘿蔔酥爛。米飯盛盤，淋上煮好的牛肉。

功效：牛肉含鐵豐富，南瓜和胡蘿蔔富含維生素，煮爛後包裹在牛肉的表面，使牛肉的口感更好。米飯與之同食，會提高鐵吸收率。這一食譜可以經常食用，能極大促進鐵利用，保持母嬰健康成長。

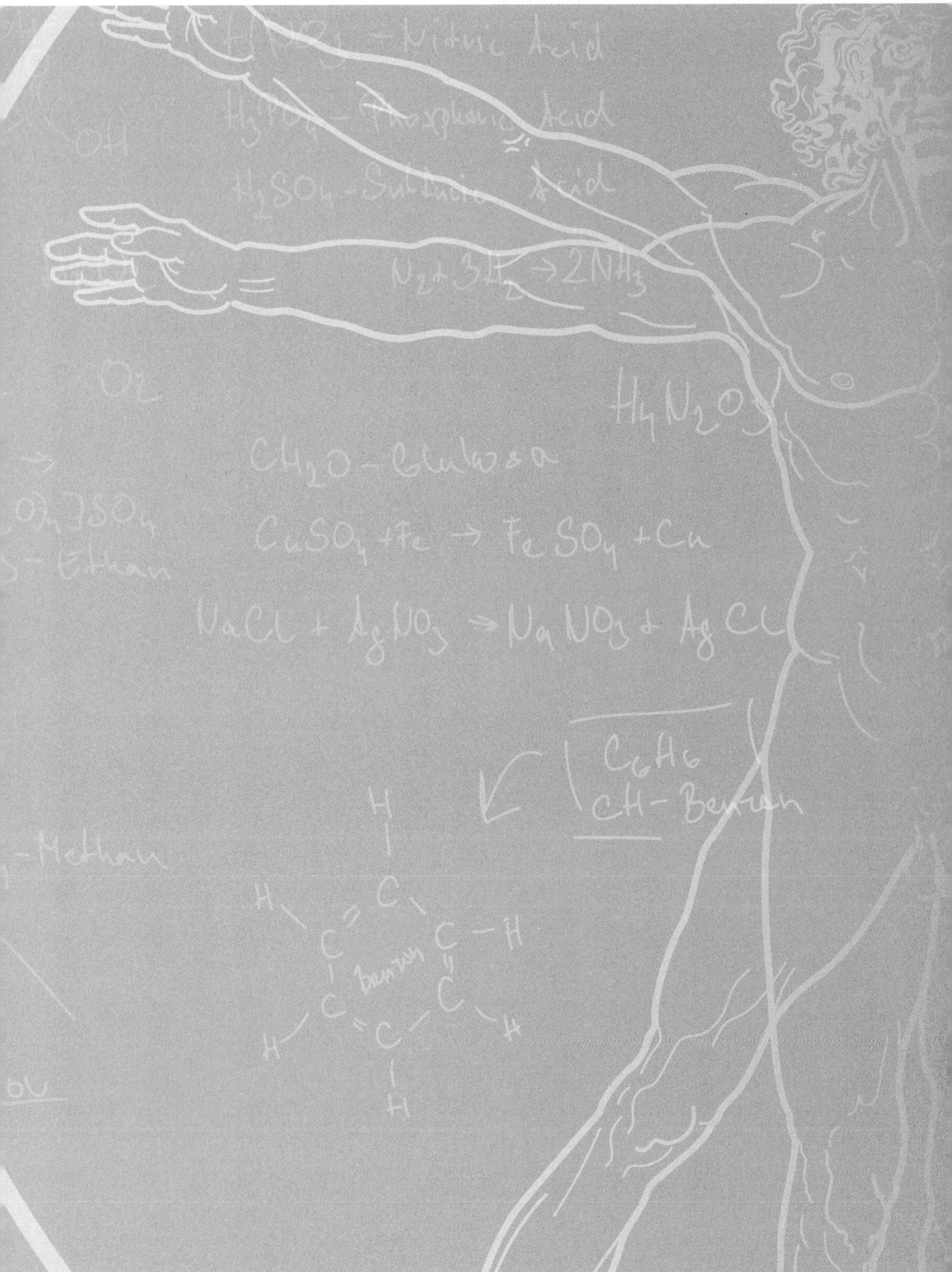
HNO3 - Nitric Acid
H3PO4 - Phosphoric Acid
H2SO4 - Sulfuric Acid
N2 + 3H2 → 2NH3
H4N2O3
CH2O - Glukosa
CuSO4 + Fe → FeSO4 + Cu
NaCl + AgNO3 → NaNO3 + AgCl
C6H6
CH - Benzen
Benzen
Ethan
Methan

Chapter 10

銅

免疫力系統的保鑣

人體內有這樣一種物質，含量僅有100～150mg，與龐大的身軀比起來，似乎微不足道，可是卻像堅強的保鑣一樣，守護著身體的健康。

這種物質就是銅。對於自然界中的銅，人們並不陌生，它在地殼中含量豐富，以質地柔軟、易加工而馳名於世，是人類最早開發的金屬之一。然而，幾千年來，人們並沒有將銅與人類甚至任何動物聯想在一起。

相關資訊

1928年，科學家在白鼠實驗中，發現補充了足量的鐵，卻無法改變白鼠貧血的症狀，於是經過深入研究，發現補充銅會改善貧血，這才認知銅與動物的關係。

人體內的銅來自膳食中的食物，進入體內後，經過吸收代謝，一部分會隨著血液到達肝臟，然後合成蛋白，分布到全身各個器官組織；大部分會排泄到腸胃道，與食物中沒有被吸收的銅一起，由糞便排出體外。

銅在人體內以銅蛋白的形式存在，是一種抗氧化劑，又是原氧化劑，參與體內氧化還原過程，能將氧分子還原為水。銅存在多種酶中，具有強大的催化能力。

①銅是構成銅蛋白、含銅酶的主要成分。這兩種物質是心臟血管的基礎成分，參與合成

的膠原和彈性蛋白可以將心血管的肌細胞連接起來，還能保持血管和心臟的彈性。

②銅參與鐵的代謝、紅血球的生成，是人體造血的好幫手。來自食物中的二價鐵，只有在銅藍蛋白的作用下，才能轉化成三價鐵，進而合成血紅蛋白。很多時候，貧血病人在補充大量鐵後，病情不見好轉，就是銅缺乏的原因。

③銅還是大腦神經遞質的重要成分，可以維護中樞神經系統的健康，讓大腦避免某些遺傳性或者偶發性的神經紊亂，保持清醒靈活。

④銅還是細胞黑色素的合成成分，對於毛髮、皮膚有著影響。皮膚色素脫失症就是典型的與缺銅有關的皮膚疾病。

⑤銅還可以幫助清除體內的自由基，是抗衰老的好戰士。

⑥銅對血糖、血脂的調節也有影響。

相關資訊

有位醫生為糖尿病人採用常規療法治療，卻沒有效果；後來他採用小劑量銅離子為他治療，血糖降低，病情明顯改善。這是因為銅能提高葡萄糖耐量。

⑦銅是免疫系統的保鏢，能夠提高身體免疫力，抑制癌細胞生長，還能誘使癌細胞「自殺」，擔負著抗病防病的重任。

⑧銅對女性還有一個特殊的用處，可以維持孕婦羊膜的厚度和韌性，保持胎兒不受感染或流產，是準媽媽們的好朋友。

測一測：你有這樣的行為嗎？

你是不是位藥丸崇拜者，長期大量地服用鋅，或者鐵藥丸？
你是不是以速食為主食？
你是不是以純淨水替代了其他飲用水？
妳是不是不幸生下一名早產兒，寶寶體重嚴重偏低？
妳是不是以牛奶餵養自己的寶寶？
你是不是特別喜歡甜食？
妳是不是位懷孕的準媽媽？
你是不是發現自己的身高偏低於正常標準？
如果你屬於上述的某類人，那麼可能正在受到一些問題的困惑：皮下經常青一塊紫一塊，感覺自己的頭腦越來越遲鈍，情緒不穩，皮膚發白，在日光照曬下容易曬傷、過敏；寶寶生長遲緩，還出現貧血徵兆，毛髮枯燥，為他補鐵卻沒有效果。
這時候，就需要你關注一下身體是否缺銅。

銅缺乏易得疾病——骨質改變

日常生活中，銅缺乏造成的危害比銅過量更多見、也更嚴重。尤其對幼兒來說，銅缺乏很容易影響骨骼發育。

幼兒處於快速生長發育期，銅不但是其血液中血紅蛋白的重要成分，還是骨架的組成要素，銅需求量相對較大。實際上，幼兒以及胎兒體內的銅比成人還多，高出約3倍。

胎兒需求銅最多的時期是妊娠期第200天到出生，需求量是平時的4倍。在懷孕期間如果攝取的銅不足，孩子出生後就很容易發生缺銅性貧血，以及其他缺銅症狀，出現發育遲緩、骨骼畸形、疏鬆、體溫低於正常水準、頭髮和皮膚顏色淺等，影響正常生長。

相關資訊

研究發現，高個子少年體內的銅含量遠遠高於矮個子少年；那些低於平均身高的少年，銅攝取量普遍不足，比高個子少年低50～60％，令人吃驚。

為了預防小孩缺銅，必須從準媽媽開始做準備：

①準媽媽除了要均衡膳食外，要多吃富銅的食物。孩子透過母親的胎盤吸收銅，在出生

前三個月，會吸收大量銅。因此，準媽媽們最好在這個時候加大富銅食物攝取，維持每天為孩子提供足夠的銅。

【準媽媽的補銅食譜】花生奶油香蕉餅

材料：奶油、砂糖、花生奶油醬、麵粉、香蕉乾，各100～150g，雞蛋1個打勻，發酵粉1茶匙，幾粒生花生。

製作：除生花生外，將其他材料放入處理器加工成糊狀；將混合物做成丸子，塗油烘烤，並慢慢壓扁成小餅；在每個小餅中心嵌入一粒花生米，烘烤10分鐘，即可。

功效：此餅色澤好看、酥脆可口，可提供3g不飽和脂肪酸，0.5g纖維質，0.05mg銅，營養十分全面。

②盡量以母乳餵養寶寶。牛奶中的銅含量較低，如果孩子出生後，一直採用牛奶餵養，會造成銅缺乏。這是很多牛奶餵養的孩子長不高的主要原因。母乳中的銅含量較高，是嬰兒攝取銅的最好來源。

③限制孩子吃甜食，因為糖代謝會消耗一部分銅；如果孩子出現貧血症狀，應該嚴格控制進食糖果、餅乾等高糖食物。

銅缺乏易得疾病——冠心病

相對來說，老年人也是容易缺銅的人群之一，缺銅對他們的影響除了貧血、骨骼疏鬆外，最常見的症狀是冠心病。銅不足時，血液中膽固醇、甘油三酯、尿酸升高，使得冠狀動脈粥樣硬化機率增高，冠心病由此產生。

相關資訊

據調查，近30年來，美國人飲食中銅攝取明顯不足，心臟病發病率升高44%。而以愛吃鵝肝、鴨肝著稱的法國人，心臟病發病率位於世界倒數第二。這正是因為鵝肝、鴨肝是銅的「蓄電池」，為法國人提供了豐盛的銅元素。

人到老年，腸胃道功能減退，吸收利用銅的能力減弱，而且他們牙齒脫落，無法充分咀嚼食物，也影響銅吸收，進而引起銅缺乏的種種症狀。要想預防老年人因銅缺乏導致的冠心病，也需要從膳食入手。

針對老年人的生理特點，日常補銅有以下幾方面問題：

①少吃製作過於精細的食物。老年人消化功能減退，特別喜歡一些製作精細的材料，殊

不知材料在加工過程中，會流失大量銅，對身體不利。最好進食天然食物，如蕎麥、紅薯等，並多加咀嚼，以利於銅吸收。

②肝臟中富含脂肪，對老年人不利，可以多吃芝麻、蘑菇、芋頭等。芝麻的含銅量僅次於肝臟，每100克含銅1.68mg；芋頭含銅也很多，100克含銅1.29mg。

③多喝茶。茶葉中含有豐富的銅、氟、鐵、錳、鋅、鈣等，還含有咖啡鹼和茶單寧，兩者共同作用防治體內膽固醇累積，對預防冠心病很有好處。

④維生素C會妨礙銅吸收，所以服用維生素C藥丸的老年人，飯後不要立即服用。

⑤選用銅製器皿，烹飪時用銅勺、銅鍋、銅碗等，可以增加銅攝取量。

銅缺乏易得疾病——皮膚色素脫失症

銅，是細胞色素的組成成分，對黑色素細胞的功能發揮著調節作用。黃種人的頭髮之所以是黑色的，就是因為頭髮中含有鐵、銅、鋅等離子。

銅的這一功能極大地影響著人體的表皮系統，成為皮膚色素脫失症的致病原因之一。皮膚色素脫失症，是由於皮膚和毛囊中的黑色素細胞內的酪氨酸功能減退引起，表現為侷限性或者泛發性的皮膚色素脫失。臨床檢驗證實，皮膚色素脫失症患者血液和皮膚中銅或銅藍蛋白的含量均低於健康人。

為了預防皮膚色素脫失症，即時補銅十分必要。

①不能單純服用補銅製劑。因為銅在體內的需求量和中毒量接近，短期內補充大量銅，會引起蓄積，導致中毒發生。

②多接觸、使用銅器，是防治皮膚色素脫失症簡便易行的方法，不過由於銅很容易氧化生銹，因此必須學會保存方法。銅器使用後，最好用吸水紙擦淨、包裹，再用塑膠包一層，並把其中的空氣擠出去。長期使用的銅器，可以用白醋清洗；不用時，銅器必須放在乾燥的地方；下次使用前，進行清洗。

③服用或者注射補銅製劑時，必須在醫生指導下。

④造成皮膚色素脫失症的原因很多，缺銅只是其中一個因素，因此，在補銅的同時，也要適當地補充鋅、鈣等礦物質，還要結合其他治療措施。

科學補銅，從飲食開始

銅，與鐵不一樣，在人體內沒有儲存的器官。因此人體需要每天從食物中攝取一定量的銅，才能彌補代謝損失。健康成人每天的銅需求量為2mg。

在日常膳食中，含銅豐富的食物很多。動物肝臟、牡蠣等帶殼海產品、牛肉、葵花籽、可可、黑椒是最豐富的銅來源；蛋黃、穀物胚芽、魚肉、黃豆也含有較多銅；蔬菜中的香菇、芝麻、黑木耳、杏仁、菠菜、薺菜、芋頭、油菜、香菜等，也是銅的良好來源。

目前，人們膳食中銅含量普遍偏低，造成這一現象的原因大體有以下幾種：

①挑食、偏食，或者以速食為主食。膳食中含銅豐富的食物雖然很多，但是與日常膳食習慣相比，很多人不喜歡這類食物，比如有些人不愛吃水產品、不喜歡動物肝臟，造成攝取太少。有些人日常生活大魚大肉，過多地進食含脂肪和油類的食物，殊不知，這類食物幾乎不含銅。還有些人生活節奏過快，來不及做飯，每天以加工的便利型食品為主食，如各種速食，而不進食蔬菜。這種膳食也不含銅。

②膳食中其他營養素的影響。銅和鋅具有很強的拮抗作用，當補充鋅過多時會引起體內銅不足。因此，補鋅時要考慮到銅，一般鋅含量為銅的10倍時，最利於身體吸收利用。鐵對銅的吸收也有影響，鐵過量時，爭奪運鐵蛋白，造成銅吸收障礙。維生素C、蔗糖、果糖也對銅有一定影響，尤其是含量過高時，都會阻礙銅吸收利用。

③天然水中含有一定的銅，由於現在人們大量使用純淨水，其中的銅被過濾流失了，成為銅缺乏的原因之一。

缺少銅讓身體處於煩惱不斷的處境中，必須想辦法加以解決。科學補銅，應該從飲食開始：

●多動手做飯，會為自身提供豐富的銅。

●多吃水生動物，特別是帶殼的動物，像牡蠣、螃蟹，牠們在海洋中攝取了大量銅，是人體銅最優質的來源；多吃動物內臟、粗糧、堅果；馬鈴薯、大豆、瘦肉、蘑菇也會提供銅。

●水果中含銅最多的是蘋果，每天1～2個，會改善身體缺銅的症狀。

●米飯和雞肉含銅量雖然不多，但經常食用，攝取量多，因此也會提供一部分銅。

●少喝純淨水，以免銅的隱性流失；可以多喝茶水，茶葉中含有銅，會彌補體內銅不足。

●少吃糖，但可以適當吃一點巧克力，巧克力中含有銅，會為人體提供一定的需求量。

●可以選擇銅製炊具做飯，或者佩戴銅製首飾，這些炊具、首飾中的銅會透過皮膚進入人體，與食物中的銅一樣發揮作用，倒是別具一格的補充途徑。

相關資訊

在一些偏遠地區，人們發現那裡的婦女和兒童癌症發病率很低。後來科學研究發現，當地人特別是婦女和兒童，都喜歡佩戴銅首飾，如銅項鍊、銅手鐲等，而且一直使用銅器盛放物品。

銅中毒的症狀和預防辦法

銅在人體內的需求量和中毒量十分接近，成年人每天需要2mg銅，可是如果每天攝取的銅超過8mg，就會造成中毒。

生活中常見的銅中毒有兩種情況：

①急性銅中毒。偶然攝取了過量銅，比如飲用了被銅污染的水、飲料；誤食噴灑過硫酸銅（藍礬）的水果、蔬菜；食用含銅綠器皿存放、烹調過的食物，當一次攝取硫酸銅超過100mg時，都會出現急性中毒。急性銅中毒的病人口腔內有金屬味，汗液變藍，上腹痛、嘔吐、腹瀉，嚴重者會出現胃潰瘍、溶血性貧血、肝壞死等。這時病人可以飲用大量牛奶，然後立刻到醫院進行搶救治療，採用牛奶洗胃，補充生理食鹽水，或者口服硫化鉀，以加速銅排泄，減少銅吸收。

②慢性銅中毒，即肝豆狀核變性。這種情況並不多見，兒童會表現出慢性肝病症狀、青少年開始出現神經系統症狀，在各種治療措施下，效果均不明顯，反覆發作，導致病人不能協調動作、四肢僵硬、精神異常、眼角膜變綠等。

慢性銅中毒很難治癒，因此需要從日常生活中留意，儘早限制銅攝取。

●如果接觸含硫酸銅的食物，應該清洗乾淨再食用；蔬菜、水果和糧食中銅含量要求≦10mg/kg，高於此標準即不可食用。尤其要注意區別青粽，青粽葉經過加工，銅含量超過標準規定的30～100倍，十分危險。

●服用避孕藥，或者採用激素替代療法時，體內銅含量會超過正常水準，因此需要特別留意。

●巴西果、腰果，是含銅非常多的食物，最好不要長期過量地食用；另外，各種種子，如葵花籽、鷹嘴豆，都是富銅食物，吃多了也要當心。

●兒童缺鋅嚴重，也會引起銅含量過高，所以應該即時為孩子補鋅。實際上，銅中毒可以採用大劑量的鋅予以排除。

相關資訊

《本草綱目》記載，慈菇、胡桃、鴨通汁可以解除銅毒。胡桃，又名核桃，富含多種營養，多吃既可以防治銅過量，又有益身體健康。

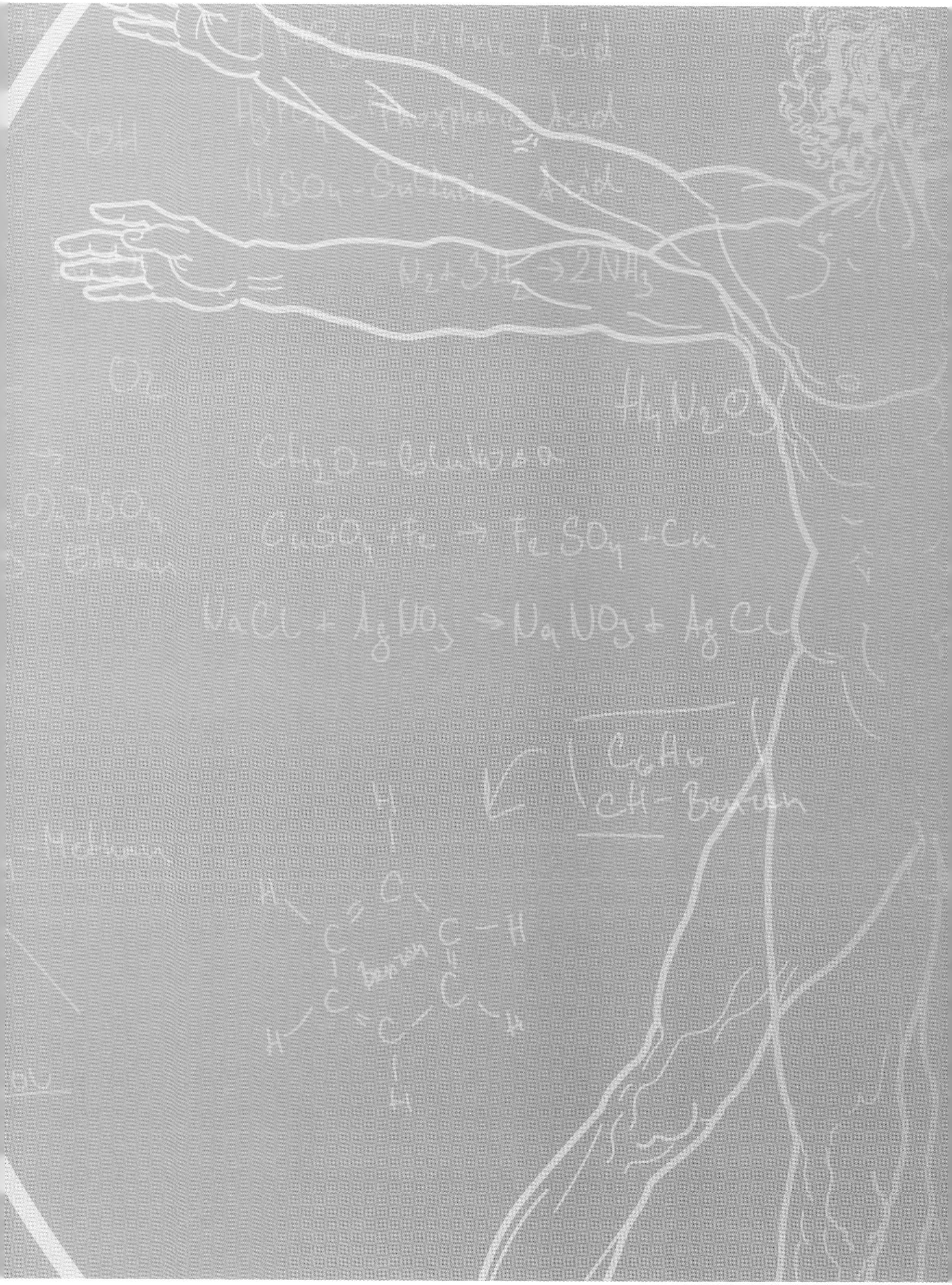

Nitric Acid
H3PO4 - Phosphoric Acid
H2SO4 - Sulfuric Acid
N2+3H2 → 2NH3
O2
H4N2O3
CH2O - Glukosa
CuSO4 + Fe → FeSO4 + Cu
NaCl + AgNO3 → NaNO3 + AgCl
C6H6
CH - Benzen
Ethan
Methan
Benzen

Chapter 11

鋅

性功能的裁決者

鋅，是近年來最熱門的一種礦物質，備受關注；補充鋅，已經成為許多發達國家常見的營養話題。那麼，鋅究竟是種什麼物質？

鋅是人體內含量較多的必須微量元素，被譽為「生命火花」，成人體內大約有2.0～2.5g，主要分布在肝、腎、肌肉、視網膜和前列腺中，其中75～85%在紅血球，3～5%在白血球，其餘的在血漿。

相關資訊

20世紀50年代，伊朗某地出現一種奇怪病症，兒童普遍食慾減退、性發育不良、生長遲緩。經過幾年研究，1961年，有人揭開其中秘密，原來這是膳食中鋅缺乏引起的。

鋅在體內與50多種酶的合成與活動有關，發揮著重要生理作用。

鋅是人體味覺素的組成成分，每個味覺素分子中含有兩個鋅原子；鋅與維生素A的代謝有關，能夠維持對黑暗的適應能力，能激發視黃醇脫氫酶的活性，影響視力。

鋅可與紅血球結合，缺鐵性貧血患者往往伴有鋅缺乏。鋅能提高血小板凝集能力，參與膠原蛋白合成，促進傷口、潰瘍癒合。鋅還對中樞神經系統產生作用，促進生長發育。

除了上述功能外，鋅還具有一項特別的功能：促進男性的性發育。男性睪丸和前列腺的發育，離不了鋅。處於青春期的男性缺乏鋅時，他的第二性徵會不明顯，性器官無法正常發育。隨著年齡增長，鋅大量存在男性睪丸中，參與精子的發育過程。因此，當男性體內缺鋅時，會使得精子減少、活力下降，最終會導致不育。

測一測：你有這樣的行為嗎？

你是位成年男性，卻被一些不快纏上身：

性功能不強，精子少，陽痿，無法正常性交，更不能生育後代。

可怕的前列腺炎久治不癒。

妳是位孩子的媽媽，發現自己的孩子總是出現這樣的症狀：

孩子味覺減退，吃什麼都不香。

孩子容易口腔潰瘍，而且反覆發作。

孩子身材矮小、瘦弱無力。

孩子抵抗力差，動不動就感冒發燒。

孩子學習差，好動，注意力無法集中，智力比不上他人。

孩子的性器官發育緩慢，男孩的睪丸和陰莖過小，女孩乳房過小，月經來潮晚。

妳是位準媽媽，嚴重的妊娠反應讓妳十分痛苦，嗜酸、嘔吐厲害；被醫生告知胎兒發育不良，體重偏低；出現了流產、早產徵兆；還很有可能生下畸形兒……

妳是位愛美的女士，皮膚卻一直油膩膩的，用了很多藥物，也無法根治粉刺、痤瘡，而且妳的經期也不正常。

種種問題看似毫無關聯，卻有同一個導火線，這就是體內鋅缺乏。

當寶寶偏食嚴重，當男性酗酒成性，當女士們酷愛甜食，或者某人堅持素食主義，都會帶來這些可怕的後果。

鋅失調對人體的危害

鋅，與其他礦物質一樣，必須從體外獲得。進入體內的鋅經過代謝後，大部分透過腸道排出體外，也有很少部分經過尿液、皮膚排泄。

當各種原因導致體內鋅不足或者過量時，都會引起身體的不舒服，產生各種問題。

鋅缺乏會讓人的味覺不靈敏，吃飯不香；表皮相關症狀明顯，手指甲出現白斑，皮膚分泌油脂多，痤瘡、粉刺久治不癒；精神抑鬱，抵抗力下降，容易生病；男性的生育能力受到影響，出現陽痿、前列腺炎。

目前，鋅缺乏已經越來越受關注，成為影響健康的重要原因之一。人體為什麼容易缺乏鋅呢？讓我們先從鋅的來源說起。

體內的鋅主要來自於食物，海牡蠣是最豐富的來源，每100g含鋅超過100mg；其他食物以100g計算，肉類、肝臟、蛋類，含鋅量在2～5mg之間；魚、貝類、蝦等海產品，含鋅量約為1.5mg。除了動物性食物外，含鋅豐富的植物性食物以穀物和豆類最豐富，100g中含鋅量在1.5～2.0mg左右。

脂肪和油類中幾乎不含鋅，蔬菜和水果中，含鋅量也很少。值得一提的是奶類，含鋅量甚微，並非補鋅的良品。鋅來源除了食物，有些地區的飲水中也會提供少量鋅。

不良的膳食習慣、疾病都會影響鋅的吸收利用：

- 長期食用缺鋅食物，諸如精米，是造成缺鋅的主要原因。現代人對食物要求越來越精細，致使許多糧食在加工過程中流失了大部分的鋅。讓很多人大吃一驚的是，白米製成精米竟然流失70～80％的鋅。
- 不良膳食習慣，成為缺鋅的重要原因。植物性食物中的草酸、植酸和纖維質會干擾鋅吸收，因此長期不吃動物性食物，或者素食者是缺鋅的常見人群。乙醇中毒，會干擾鋅吸收，因此酗酒者是缺鋅的常見人群；人工餵養的嬰兒，如果缺少富鋅食物，或者長期以牛奶為主，也會造成鋅不足。
- 除了攝取不足，某些疾病也是缺鋅的原因。慢性腹瀉、痢疾，會造成鋅大量流失，卻無法補足需要；服用金屬絡合劑、青黴胺、利尿劑，會阻礙鋅吸收；腎病、肝硬化、大面積燒傷、溶血、出血、瘧疾等疾病，會使體內鋅排泄過多，引起鋅不足。另外，各種手術、急腹症、急性感染，也會相對流失一部分鋅，使體內需求增多。

缺乏鋅對人體危害極大，可是攝取鋅過多，照樣會危害健康。由於鋅在食物中含量較為稀少，透過膳食攝取鋅過多的情況幾乎沒有。然而，不少人希望透過鋅製劑補充鋅，這時，如果攝取的鋅超過2g時，人體會出現很多狀況。

①鋅與硒有拮抗作用，會減弱硒的功能。硒是人體抗癌的明星，受到阻礙後，人體抗癌能力降低，所以過多的鋅會刺激腫瘤增長，非常可怕。另外，硒還具有解毒功能，可以排出鋁、鉛、汞等有毒金屬，當鋅過多時，會降低這一解毒功能，引發有害金屬慢性中毒。

②大量的鋅會抑制吞噬細胞的活性，減弱它們的殺菌能力，反而使身體抗病能力減弱。

③鋅過量會阻礙銅吸收，引發缺銅性疾病，出現貧血、骨質疏鬆等症狀；同時，過多的鋅使得體內鋅銅比例增大，引發膽固醇代謝紊亂，使冠心病發病率升高。

④服用硫酸鋅的人必須注意，硫酸鋅是潛在有毒化學品，進入胃部後，會與鹽酸反應形成氯化鋅，氯化鋅具有強烈的腐蝕性，會引起胃部不適、嘔吐、胃潰瘍，甚至穿孔。

⑤鋅會抑制鐵，讓鐵無法正常參與造血，誘發缺鐵性貧血。當服用鐵製劑也不能改變缺鐵性貧血時，就要考慮鋅是否過量了。

人體對鋅的需要量及飲食補鋅

鋅含量過低、過多，都會危害身體健康，那麼正常人體對鋅的需求量是多少呢？膳食中如何做會達到這一要求？

人體對鋅的需求量，由於年齡、性別不同而有區別，一般來講，正常成年人每天需求量為15mg；0～6個月的嬰兒，每天需求量為3mg；1歲以前每天需要5mg；1～11歲，每天需要8mg；11～18歲，需求量在15mg以上，最高可達19mg；進入成年後，逐漸恢復正常需求。

孕婦和哺乳期婦女是鋅需求量最高的人群，她們每天需要增加5～10mg的鋅，以滿足胎兒和嬰兒需求。

從上述需求變化可以看出，青少年和孕婦、哺乳期婦女鋅需求量相對較高，也是最常見的缺鋅人群。生活中，除了這些人之外，還有一些需要補鋅的人：

①前列腺疾患者，或者渴望改善性功能和生殖力的男子。鋅是性能力的保障者，只有充足的鋅才能維持一個男人擁有健康的性器官，以及超強的性能力。

②月經不調的女性。鋅不僅影響男性性能力，還對卵巢激素分泌產生作用，缺鋅會讓女性出現月經不調的問題。

③老年人。老年人身體衰退，鋅吸收和利用都會減弱，很容易出現鋅不足的症狀，適當補鋅，會調整免疫系統功能，提高抗病能力。

④嚴重皮膚疾患，像痤瘡、粉刺，濕疹，久治不癒時，補鋅會促進膠原蛋白合成，緩解症狀。

⑤消化道疾病，會使鋅吸收受阻，因此患此病者需要補鋅。

⑥糖尿病患者，補鋅會緩解病情。

⑦慢性腎病、尿毒症患者，體內鋅流失過多，補充鋅會緩解身體的不適。

瞭解到需要補鋅的人群，就需要進一步明白，這些人如何能夠獲得足夠鋅，以改變身體狀況，或者滿足身體需求：

●不要長期以精製食物如餅乾、麵包、點心為主食，注意粗細搭配。用全麥麵包取代一般麵包，就是一種很好的方法，另外，多用紅糖，少用白糖，也會提供更多鋅。

●多瞭解富鋅食物，並且多進食。長期嚴重偏食、素食、營養不良，都會缺鋅，動物性食物含鋅豐富，可以在膳食中適當增加一些牡蠣、瘦肉、肝臟。

【準媽媽的補鋅食譜】雙耳牡蠣湯

材料：木耳、銀耳、牡蠣、調味料若干。

製作：將水發木耳、銀耳撕成小朵，牡蠣在沸水中焯一下。然後，燒開高湯，加入木耳、銀耳、料酒，蔥薑汁；接著，放入牡蠣，加鹽、醋煮熟，放入雞粉、胡椒粉調味，即可。

功效：牡蠣是含鋅最多的食物，木耳、銀耳也含有豐富的鈣、鐵、鋅，可謂營養豐富，味鮮湯美，實為難得。

缺鋅明顯的人群，需要服用鋅製劑。需要特別提醒的是，鋅製劑並非萬能補品，由於鋅過量的危害性極大，服用時千萬小心。

Q&A

【問答現場】

問：補鋅會讓身體變強壯，我年紀大了，承受力強，多補一點沒壞處吧？

答：老年人適當補鋅，對身體很有好處，可是過量會產生中毒。鋅對人的最小致死量是50mg/公斤體重，曾經發生過一次攝取80～100mg硫酸鋅中毒的病例。而且，鋅很難從體內排出去，過多的鋅堆積體內，久而久之會引起缺鐵性貧血等疾病，十分危險。

多汗兒童要適當補鋅

夏天到了，不少寶寶出現了大量出汗的現象，動不動就渾身濕透，臉頰全是汗珠。出汗能夠調節體溫，對寶寶有好處，可是大量出汗會帶走很多微量元素，鋅，就是其中之一。

鋅的流失對寶寶產生影響，這已是眾所周知的事情。當汗液繼續流淌不止，會加重鋅流失，要是父母不能即時控制，缺鋅影響到呼吸道健康，孩子會反覆感染，體質下降，虛汗增多。至此，孩子多出汗就成為惡性循環。

因此，當寶寶出汗太多時，父母首先要想到為他提供富鋅的食物，補充流失所需。

實際上，當下人們提起補鋅，話題最多的某過於寶寶。一方面因為寶寶需求量高，另一方面是其過於挑食，造成攝取量不足。

不少父母乾脆以牛奶餵養寶寶，牛奶中的鋅遠遠沒有母乳吸收好，成為寶寶缺鋅的最常見原因之一。

還有些孩子患有慢性腹瀉、消化功能紊亂，或者其他先天性疾病，如溶血、出血，也會引起鋅流失過多，出現不足。

諸多因素使得寶寶補鋅，成為最熱門、最受人關注的話題，也成為父母們最牽腸掛肚的一件事，不少人動不動就想：孩子是不是該補鋅了？

Q&A

【問答現場】

問：我的寶寶6歲了，頭髮很黃，頭腦也不夠敏捷，學點東西特別費勁。我看到很多人都在為孩子補鋅，他們說可以改善孩子的智力，讓孩子更聰明、更健康。於是就為他買了口服液補鋅。可是半年過去了，孩子卻沒有什麼變化，難道是補的不夠嗎？

答：鋅可以影響中樞神經系統，讓一個人頭腦靈活，生長發育良好，有些學者也證實，聰明、學習好的孩子，體內含鋅量較高。因此鋅成為很多父母為孩子首選的補品。然而，補不是萬能的，補鋅也要結合孩子的實際情況而行。

為寶寶補鋅，正確的做法應該是：

●首先考慮增加富鋅食物，牡蠣、瘦肉、魚蝦及動物內臟，都是首選；正常情況下，只要寶寶不偏食，膳食注意調劑，都可以透過膳食每天補充8～10mg鋅。

相關資訊

豆漿、花生中富含鋅，有心的媽媽不妨每天給寶寶喝點豆漿，做菜時放花生油，還可以多給孩子吃幾個榛子、花生，既簡便又實用，是很好的補鋅方法。

●黃耆、紅棗具有補氣斂汗的作用，可以適當地為多汗寶寶補充鋅；同時，還要多方觀察寶寶出汗的情況，是否與其他疾病有關。

●選用補鋅製劑時，必須注意：牛奶會降低鋅吸收率，所以不能與牛奶一起服用；飯後服用，因為空腹服用鋅會刺激腸胃，對身體不利。

●補鋅不可過量。兒童免疫功能較差，過多的鋅會很容易抑制白血球活動，減弱它的殺菌能力；尤其是兒童往往伴隨著缺鈣問題，這種情況下，過多的鋅會引發多種感染和疾病。

為了便於父母為寶寶補鋅，掌握合適的量，我們提供一份清單，您可以結合自己寶寶的情況，先來做出判斷。

①孩子食慾不佳，出現挑食、厭食，不愛吃飯的情況，似乎沒有飢餓感，從不主動要求吃飯。

②異食癖，喜歡吃些奇怪的東西，愛咬指甲，亂啃玩具，還抓住什麼亂七八糟的東西都往嘴裡放，如泥土、碎紙。

③長不高，比同年齡的人矮4、5公分；體重偏低，比同年齡的正常孩子輕2、3公斤。

④兩根以上的手指甲出現白斑，容易長倒刺；舌頭表面現出不規則圖形，紅白相間，即地圖舌。

⑤皮膚很容易受傷，受傷後難以癒合；還經常出現皮膚炎、濕疹，病情頑固，很難治癒。

⑥視力下降，眼睛容易疲勞、散光，夜間看東西困難。
⑦免疫力明顯不如他人，動不動感冒發燒，反覆感染支氣管炎、扁桃腺炎、出虛汗、夜間盜汗等。
⑧好發口腔潰瘍，而且病情反覆。
⑨青春期性發育不明顯，男孩子睪丸、陰莖過小，女孩子乳房過小，月經來潮晚等。
⑩出現過動症，注意力無法集中；伴隨著反應遲鈍，學習能力差。

當你的孩子出現上述三種以上情況時，就可以確診為缺鋅。所以，單純的學習不好並不能就斷定孩子缺鋅。做為父母，盲目為孩子補鋅，不但不會改善病情，還會帶來很多麻煩。

如果您還不放心，可以帶孩子去醫院檢查，現在醫院通常會檢查孩子頭髮和血液中鋅含量，簡稱髮鋅和血鋅，需要提醒您的是，髮鋅只是毛髮中的鋅含量，不能準確反映體內鋅的狀態，所以媽媽不要心疼寶寶打針，最好還是讓醫生檢測一下他血液中的鋅含量。

含鋅食物防耳鳴

老年人也是缺鋅的重點人群之一，長期鋅不足會讓他們食慾減退，味覺異常，有些老人還出現味覺消失的情況；另外，缺鋅對老年人的聽力影響也很明顯。人的耳蝸內含鋅量很高，大大高於人體其他器官。當一個人超過60歲後，他耳蝸中的鋅會減少，由此引起耳鳴、耳聾等症狀。

為此，老人補鋅是不可忽視的營養問題。由於老年人運動少，飯量減輕，加上消化功能減退，他們大多偏愛清淡飲食，不愛吃魚、肉，造成攝取的鋅減少，成為缺鋅的主要因素。

所以，老年人補鋅，必須從膳食入手。

①適當增加動物性食物，吃一些牛肝、雞蛋等。雞蛋富含半胱氨酸，可以溶解大量鋅，促進鋅吸收，進食富鋅食物時吃雞蛋，可以提高鋅吸收率。

②將穀物和豆類混合後，鋅的吸收率會提高，建議不愛吃肉食的老年人，可以混合膳食，來滿足多方需求。我們平時常見的紅豆飯、八寶飯，都是穀物豆類混合的食物，是老年人不錯的選擇。

③高鈣、高纖維都會阻礙鋅吸收，如果選用補鋅藥丸時，不要大劑量補鈣，也不要多吃高纖維的補品。

【老年人的補鋅食譜】銀絲羹

材料：蛋豆腐、黑木耳、干貝、香菜、蔥絲、薑絲。

製法：將蛋豆腐、發好的黑木耳切成絲，浸泡；然後將干貝蒸軟、弄碎；最後燒開高湯，放入各種材料，並調味勾芡。上菜前，撒入一些香菜。

功效：這道食譜口味清淡，易消化，蛋黃、干貝和木耳富含鋅，可以滿足老年人補鋅所需。

缺鋅試試「蘋果療法」

時光流逝，年齡增加，中年男人不得不面臨一個嚴峻的問題：前列腺炎。隨著社會節奏變快，生活壓力變大，當今社會男性患前列腺炎的越來越多，他們出現了尿頻、尿急、下腹墜漲種種症狀，身心備受煎熬。

為了防止前列腺炎，中年男人們常常往醫院跑，希望醫生能夠徹底治好自己的病。可是服藥、各種治療沒有帶來多大改善，還加重身體不適，似乎更容易感冒、感染，抵抗力日趨降低。

在這裡，有必要為中年男人們講講前列腺炎的病因，並為其推薦一個簡單易行的防治措施。

前列腺中含有一定量的抗菌因子，這種抗菌因子與青黴素相似，可以幫助前列腺對抗各種細菌感染。抗菌因子的主要成分正是鋅，當鋅減少時，抗菌因子減弱，無法消滅各種病菌，前列腺炎由此發生。

所以，治療前列腺炎的藥物中，主要成分就是鋅。可是我們知道，含鋅的藥物進入體內，一方面難以吸收，另一方面如果不能把握正確的劑量，很容易引發中毒，破壞白血球作用，降低身體抵抗力。

可見，藥物治療前列腺炎效果並不理想。科學研究人員在研究過程中，意外發現蘋果汁對鋅缺乏造成的前列腺炎有獨特的療效，進而發明了著名的「蘋果療法」。

蘋果汁富含鋅，與藥物相比，更安全、更易吸收，也更方便，不愧為前列腺患者的一大法寶。

由於蘋果汁濃度越高，效果越好；所以，每天服用高濃度蘋果汁，或者吃3～5顆蘋果。讓你在充分享受美味的同時，提高性能力，何樂而不為！

Chapter 12

錳

骨結構、中樞系統的鎮靜劑

有一種元素，在人體內的含量微乎其微，只有區區的12～30mg，似乎可以忽略不計，以致於幾乎無人能夠知道它、瞭解它。然而，這種元素不可或缺，是人體必須微量元素之一，發揮著令人不可想像的重要作用。

這種元素名叫錳，是人體健壯結實的護衛者。當錳進入體內後，在腸道中吸收，透過血液到達各個器官，然後回到腸道，由糞便排泄出去。錳與鐵、鈷在腸道相同的部位吸收，所以三者有拮抗作用，任何一個含量過高時，都會抑制另外兩個吸收。

人體內的錳主要分布在肌肉、肝、腦、胰、心臟等器官，其中30％集中在肌肉，20％在肝臟。肌肉含錳量很高，尤其是骨骼肌，是人體中錳最多的部位。

①骨骼肌中的錳發揮著鎮靜肌肉、維持肌肉運動的作用。我們知道，骨骼的運動是骨骼肌伸縮的結果，錳可以參與線粒體氧化磷酸過程，增強氧化作用，使得耗氧量增加，進而提供能量，使得骨骼肌運動自如。

當一個人體內錳缺乏之時，會出現肌肉抽搐、痙攣、關節痛等問題；兒童的話則會是生長痛。

②大腦中的錳可以維持大腦正常功能，讓一個人頭腦清醒，情緒穩定，很好地抑制驚厥、精神問題。癲癇病者體內的錳往往偏低。

當一個人體內錳缺乏之時，會表現為眩暈、平衡感差，嚴重時可能誘發精神分裂、帕金森綜合症；嬰幼兒則會出現驚厥。

③除了骨骼肌和大腦外，其他器官中的錳也發揮著關鍵作用。錳能啟動部分酶，可以清除體內自由基，有著排毒的作用；能促進維生素A、B、C的代謝，刺激抗毒素產生，能夠提高人體抵抗力；促進男性性激素分泌，提高女性受孕機率，維護胎兒安全；維持骨骼健康，促進兒童骨骼正常發育。

錳還可以促進線粒體物質代謝和能量轉換，提供人體所需的能量。所以，錳是人體的「抗衰老」明星，可以很好地抵制心血管疾病、腫瘤，有預防早衰的功能。

相關資訊

在癌症高發地區，據調查人們發現，此地飲用水、食物中含錳量普遍較低，解毒能力減弱，無法將致癌物質亞硝酸鹽還原成氨。

錳不可或缺，但是與其他礦物質一樣，過多了也會出現中毒，引起各種不適。膳食幾乎不可能讓人體的錳過多，但是長期接觸錳化合物，如高錳酸鉀，會發生中毒。

錳中毒最早的徵兆出現在神經系統，人體會頭暈頭痛、情緒不穩、時而抑鬱時而激動；肌肉會無緣無故疼痛，疲倦乏力；當中毒得不到解除，病情會加重，出現說話不清，口吃，無表情，走路吃力，失去平衡；到了晚期，病人肌肉僵直，肢體震顫，身體站不穩，行走尤其是倒退行走困難；無法正常書寫，最突出的特徵就是寫字越來越小。為此，被人稱為「小字症」。

測一測：你有這樣的行為嗎？

如果你酗酒、嗜菸。

如果你每日三餐大魚大肉，很少進食糧食、蔬菜。

如果你膳食過於挑剔，追求精細。

如果你大量服用鈣片。

如果你腸胃道功能低下。

如果你不得已長期服用抗生素。

那麼，你要當心體內錳元素是否降低？兒童是否出現了抽搐、驚厥、生長期痛？老年人是否出現了白髮增多、眼角模糊、腰痠腿痛、皮膚瘙癢？中年男人是否感到身體乏力，容易感冒、腎虛、性能力低下？

錳元素是人體的「益壽金丹」，不良習慣會造成錳不足，讓身體被苦惱纏繞。擺脫苦惱，就從瞭解錳開始吧！

食物中的含錳情況

錳進入體內後，經過代謝吸收後，其中一部分參與構成多種酶，如精氨酸酶、脯氨酸酶；或者具有啟動酶的活性，如磷酸化鎂、膽鹼酯酶等。這類酶參與人體內糖和脂肪代謝，是生長發育的關鍵步驟，也是預防心血管疾病的良藥。

正常人體一般日需求錳在3.5～5mg，如果達不到這一要求，醣和脂肪代謝受阻，身體就會陷入混亂之中，生長發育遲緩，貧血，誘發心血管等多種疾病。

與所有礦物質一樣，錳也是主要透過膳食進入體內。在各種食物中，含錳最豐富的食物有：糙米、米糠、麥芽。可是這類食物已經遠離人們的餐桌，為提供足夠的錳設置了障礙。

那麼，我們平常食用的食物含錳情況如何呢？

- 核桃、豆類、花生、葵花籽、小麥粉和穀物顆粒，是富錳食物，會為我們提供豐富的錳。
- 大多數蔬菜、動物肝臟也含有一定量的錳。
- 脂肪、油類、蛋、奶、肉、糖中，幾乎不含有錳，想從這些食物獲取錳，無異於竹籃打水一場空。
- 值得特別推薦的是茶，綠茶、紅茶和花茶中都富含錳，往往是補錳人士最簡便快捷的途徑。

由於現代生活中的種種習慣，造成體內錳缺乏的現象越來越多。

①飲食過於精細，粗糧幾乎不見。

粗糧是含錳最豐富的來源，糙米、穀殼中含有絕大部分錳。可惜加工過程中這些物質全部流失，錳也就隨之不見。

②餐餐大魚大肉，攝取過多的動物脂類、蛋白，這些食物本身含錳甚微，其中過高的鈣、磷還會阻礙錳吸收，造成錳缺乏。

因此，要想獲取充足的錳，一定要注意葷素搭配，在食譜中多加進去蕎麥、大麥之類粗糧，也可多吃葡萄乾、花生等堅果。

③酗酒、抽菸，也是錳缺乏的原因之一。酒精、尼古丁會阻礙錳吸收，讓食物中的錳無法進入人體，這成了男士性功能障礙，甚至不育的原因。

錳攝取偏低，而且錳在腸道內吸收率很低，只有３％，使得人體缺錳的問題被越來越多人納入注意的行列中。

當體內錳不足時，種種相關症狀就會表現出來，侏儒症、貧血、支氣管哮喘、易衰老、骨質疏鬆……

錳缺乏可引起侏儒症、貧血、支氣管哮喘

到目前為止，還沒有報導人體內缺錳會引起獨立而典型的症狀。但是，缺錳會誘發多種健康問題，這已是不爭的事實。

首先，錳在骨骼發育中發揮著橋樑作用。軟骨和骨組織中都含有酸性黏多醣，以及硫酸軟膏素，兩者在體內合成過程中需要含錳的酶催化。一旦錳缺乏，含錳的酶活性下降，無法使得這兩種物質結合，或者合成減少，那麼骨骼就會出現畸形，軟骨就會受損。

錳的這一作用對兒童影響深遠，會使生長發育遲滯，出現可怕的侏儒症。

其次，錳對銅的吸收利用有著一定作用，進而間接地干涉到鐵的吸收，誘發缺鐵性貧血。研究證實，貧血患者體內的錳低於正常水準。

還有，錳還影響呼吸系統功能，容易誘發小孩支氣管哮喘。

上述三種病況多與幼兒有關，反映出錳對幼兒健康的影響情況。由於幼兒受到母體、膳食習慣各方面影響較重，所以體內缺錳狀況也就時有發生。

相關資訊

在對癲癇患兒的母親體檢時，發現她們體內血液中的錳含量普遍較低；進一步研究發現，懷孕的媽媽如果錳不足，還可能生下先天性平衡失調的嬰兒。

所以，為了預防幼兒缺錳，有必要從媽媽懷孕初期就做準備。

①多吃堅果類，花生、栗子、葵花籽，都是富錳食物。

②均衡膳食。

●肉、魚、水果、牛奶中含錳稀少，特別是脫脂奶粉，幾乎不含錳，因此準媽媽需要特別當心，不要以為這些食物營養豐富，就會提供任何元素。在進食這類食物時，一定要結合粗糧、蔬菜等。

●綠色蔬菜也含有較多錳，不妨多吃。

●菠菜富含鞣酸，會阻礙錳吸收，最好不要與動物性食物同用。

●相對來說，動物性食物中的錳比植物性食物中的更易於吸收，所以，進食含錳的肝臟、腎臟，倒是補鎂的又一舉措。

●糧食是含錳豐富的食物，可惜白米、麵粉在加工過程中會損失88％的錳，難以滿足需求，所以選擇加工簡單的粗糧，適當食用，既可以補錳，又能補充纖維質，一舉兩得。不過，粗糧不宜多吃，以免營養不夠全面，而且太多的纖維質會阻礙鈣、鐵吸收，得不償失。

③茶會提供豐富的錳，準媽媽可以適當飲用。不過茶葉中含有茶鹼，會阻礙鈣、鐵等元素吸收，所以不能多喝。當寶寶呱呱墜地之後，除了負擔哺乳工作的媽媽需要繼續補錳外，還要考慮為寶寶補充錳。特別是寶寶6個月後，從母乳中攝取的錳明顯減少，這時又能進食部分食物了，因此需要注意：

●多給寶寶黑色食物。黑木耳、黑芝麻、黑米、黑麥，是近些年備受關注的黑色食品，殊不知，這類食品也是富錳的食物，多吃對寶寶很有好處。

●寶寶消化吸收不良時，要先調理消化功能。消化不良是阻礙錳吸收的關鍵因素，即使吃進去再多含錳食物，無法吸收也等於零。嬰幼兒消化功能發育不全，常常出現腹瀉、嘔吐等症狀，這時需要先調理腸道，待其恢復正常後，再食補錳不遲。

●將堅果打碎，製成各種糊、粥。堅果是富錳食物，可是寶寶牙齒稚嫩，啃不動，吃進去也不會消化，這時，可以將花生、核桃等打碎，加入米粥、肉湯中，餵寶寶食用。相信這類食譜既可以滿足寶寶營養所需，又好消化吸收，十分實用。

【寶寶的補錳食譜】三仁黑芝麻粥

材料：150g黑芝麻、80g花生仁、80g核桃仁、20g松仁、200ml牛奶、80g冰糖。

製法：將黑芝麻、花生仁、核桃仁、松仁拌勻，放入攪拌機打碎；然後加入牛奶，燒開，小火慢燉20分鐘，成濃稠粥狀；最後加入冰糖，即成三仁黑芝麻粥。

功效：此粥營養豐富，其中的各類堅果富含錳和各種礦物質，以及不飽和脂肪酸，可以為大腦提供能源，是優良的補錳、健腦食品。

④不要大量補鈣、補鐵。補鈣、鐵，幾乎是現代寶寶必修課，然而過量地補鈣、鐵，不

但會造成這些元素過量，危害寶寶正常發育，還會抑制錳吸收。

錳的抗衰老功效

錳與體內多種酶的密切關係，決定了它在對抗人體衰老方面獨樹一幟的地位，被譽為「益壽金丹」。

人體為什麼會衰老？原因在於細胞的增生、分化速度快慢。當細胞不斷分裂，會產生更多新細胞；而細胞不停分化，又會使幼稚細胞成長為成熟細胞。這一過程循環反覆，衰老的細胞被新的、充滿活力的細胞代替，進而完成人體正常生理代謝。

在這一過程中，錳和鋅一樣，是細胞增生分化的必須元素。當錳缺乏時，細胞增生分化速度減慢，身體就會呈現衰老態勢。

自由基是衰老的加速器，必須由超氧化物歧化酶（SOD）清除體外。SOD只有與金屬離子結合後，才會發揮作用。錳就是其中的一種金屬，它與SOD結合後，會加速自由基排出，對防衰老、腫瘤、輻射，大有幫助。

還有，內分泌失調也會導致衰老。甲狀腺素是維持全身生命活動的激素，由甲狀腺分泌產生。做為一種蛋白質，甲狀腺的合成離不開錳啟動的酶。當甲狀腺素過低時，人體的皮膚容易角化、粗糙；黑髮變白；這一切都是身體衰老的象徵。生活中，頭髮變白是衰老的典型特徵。研究發現，黑髮中含錳充足；灰白色頭髮中，錳含量遠遠低於黑髮。

中醫上常說的一個詞「腎虛」，也是衰老的表現。腎虛正是內分泌功能低下引起的，與錳有著微妙的關係。缺錳會讓男性朋友性能力降低、睪丸萎縮、陽痿，實在不妙。

另外，錳對人體免疫功能也有影響，可以激發維生素A、B、C發揮作用，刺激抗毒素產生，提高抗病力。人體一旦免疫功能下降，會加速衰老。

對人類來講，保持青春，永不衰老是人人追求的目標，我們不妨從錳入手，來改善身體日漸衰老的態勢。

①少給酒、肉機會，多在自家餐桌上尋找錳。現代人外出吃飯的機會十分多，自然少不了酒、肉。這種宴會美食經過各種加工過程，其中的多數礦物質早已流失，而且酒精會阻礙錳吸收，十分不利於補錳。

要想獲得足夠錳，還是從自己家的廚房餐桌上下工夫：多準備富錳食物，可以從超市購買各種加工簡單的粗糧，如蕎麥、燕麥，以及各類新鮮豐富的蔬菜和堅果，如核桃、花生等。

【補錳食譜】高粱粑

材料：高粱米粉、泡打粉、白糖、雞蛋適量。

製法：將高粱米粉加入泡打粉、白糖、雞蛋，用水和成麵糰，然後壓平蒸熟，放入油鍋稍炸，撈出撒上芝麻，即成。

功效：既可以補錳，又能補充纖維質，一舉兩得。

②戒菸戒酒，多喝茶。菸、酒是幫助衰老的原因之一，戒除它們，等於為體內補充了一半錳；多喝茶，又是補錳的最佳選擇，兩者合而為一，當然會為身體提供大多數錳。

③節制房事，防治腎虛。一旦腎虛，可以選擇中藥，如枸杞、何首烏、熟地，都是補腎良藥，含有豐富的錳和鋅。

骨骼堅硬關鍵在於錳

人到老年，骨質疏鬆症會糾纏上身，身體不再結實，不小心就會骨折；容易腰痠背痛，牙齒也一個個脫離「崗位」；眼角變得模糊，像是矇上一層雲翳。面對種種不適，多數老年人會感慨：「老了，身體不中用了。」他們想到了補鈣、補鋅，甚至補銅，卻幾乎無人能夠想到——錳。

實際上，錳在人體骨骼中的作用不亞於鈣和銅。我們說過，錳在骨骼發育中猶如一座橋樑，可以促進酸性黏多醣和硫酸軟骨素的結合，進而使得骨骼健壯，軟骨韌性良好。同時，錳還能維持骨骼的代謝。人體的骨骼有兩種細胞：成骨細胞和蝕骨細胞。顧名思義，成骨細胞是合成骨骼的基礎，活性增強時，數量增多，骨骼發育良好；蝕骨細胞則有「破骨」功能，使得骨質疏鬆、脆弱，骨組織硬度和強度都下降。成骨細胞和蝕骨細胞相輔相成，共同構成骨骼代謝過程，當錳不足時，蝕骨細胞活動增強，抑制成骨細胞功能，進而造成骨骼發育不良，韌性減退，疏鬆易碎。這時，骨質疏鬆症就發生了。

相關資訊

生物學家蘇爾特曼是美國人，在從事運動員健康研究工作時，發現有些運動員關節脆弱，特別容易骨折，於是檢測他們的血液，竟然得出驚人的結論：錳含量為零，鋅和銅含量只是平均水準的一半！他進一步尋找原因，並有所收穫，這些運動員為了參加某些比賽，膳食中嚴格的素食要求。

可見，老年人要想擁有硬朗的身體，必須重視錳，並注意從膳食中獲取足夠的量。

①老年人大多愛喝茶，茶葉含有豐富的錳，被譽為「聚錳植物」，不失為最佳補充途徑。茶葉中的錳含量因產地而異，一般來說，名貴茶葉中含錳更多。建議老年人不妨多瞭解茶文化，選擇含錳量多的茶葉。一般情況下，飲茶攝取的錳可高達每天錳攝取量的10％以上。

泡茶的水有講究，花茶、紅茶、普洱茶，一般茶量較多，茶葉較老，要用100℃的沸滾開水沖泡。這是由於水溫與茶葉的溶解度成正比，較高的水溫能夠浸泡出茶葉中的各種礦物質；各種名貴綠茶，一般芽葉細嫩，不能用沸水沖泡，待水溫冷卻到80℃左右為宜。因為水溫高，把嬌嫩的茶葉燙熟了，破壞掉維生素C，不利於礦物質吸收。

②若要身體硬朗，不妨適當補充動物性食物。對於喜愛清淡飲食、以素食為主、不愛肉食的老年人需要注意了。儘管動物性食物含錳低，可是動物肝臟、腎臟，含錳相對較高，而且吸收率遠遠高於植物性食物。因為植物性食物中的植酸、草酸、鞣酸會結合錳，妨礙錳吸收，因此膳食中適當進食動物肝臟、腎臟、心，對補錳還是很有益處的。

Chapter 13

鈷

人體內電子傳遞員

提起鈷，也許很多人都會搖搖頭，表示不知道這是什麼物質。然而，多數人一定見過深藍色的玻璃，或者從畫面上見識過唐三彩，對其中的藍色很有印象，那都是鈷的化合物。

自然界中，金屬鈷呈銀白色，多與其他金屬同時存在，構成含鈷的礦石。早在16世紀，德國礦物學家阿格里柯拉就認識這種礦石，並為它取名「妖魔」，因為當時人們認為它沒有用，而且其中的砷還對人體有毒。

然而，鈷並非無用，臨床上，就用鈷-60治療癌症。那麼，人體中的鈷就是這種元素嗎？它在人體中又是以什麼形式存在的呢？

人體內的鈷，與鈷-60不同，是人體內一種特殊的礦物質，是唯一透過維生素發揮作用的微量元素。與之不可分離的維生素名維生素B_{12}，又名氰鈷胺，是由腸道大腸桿菌合成的一種含鈷維生素，呈紅色，因此又叫紅色維生素。鈷，正是以維生素B_{12}的形式展現著自己的功能。

維生素B_{12}參與氨基酸、核酸、血紅蛋白合成等一系列生化反應工作，是身體不可缺少的維生素。不僅如此，維生素B_{12}還擔當著電子傳遞員的職務，可以啟動多種酶的活性，如啟動澱粉酶、硫醇酶的活性；還可以啟動造血功能、甲狀腺活性；另外，對葉酸的儲存、骨髓磷脂的形成，也有重要作用。

維生素B_{12}要想發揮自己的各種功能，離不開鈷，因為鈷是其主要組成成分。

相關資訊

1948年，學者研究得出結論：維生素B_{12}中含有4％的鈷。進而確定了鈷的生理意義，從此人們也習慣以維生素B_{12}的量確定鈷的需求量。

由於正常成人體內維生素B_{12}含量微少，約有3mg，所以人體每天需要的鈷也不多，一般3μg左右即能滿足需要。不過，這微量的鈷來源並不那麼簡單，這是由它的吸收利用決定的。

原來，鈷只有以維生素B_{12}的形式從體外攝取，才可以被利用。單純的鈷元素，可以在小腸吸收，卻不具備生理功能。這是因為人體組織無法合成維生素B_{12}。

食物中的維生素B_{12}都是與蛋白質結合的，它們進入腸道後，在胃酸、胃蛋白酶和胰蛋白酶共同作用下，釋放出維生素B_{12}。此時的維生素B_{12}又與胃內的醣蛋白內因子結合，才可以被吸收利用。最後從尿中排出，也有部分從膽汁排出，隨著糞便到體外，只有極少數存留下來，聚集在肝臟和腎臟中。

測一測：你有這樣的行為嗎？

你是位嚴格的素食主義者嗎？不僅不吃魚肉，連蛋、奶也拒之門外？

你是位酒場忙人嗎？終日奔波在酒海當中，不醉不歸？

你是位消化能力不良的老人嗎？膳食清淡，吸收不好？

妳是位妊娠反應嚴重的準媽媽嗎？進食大大減少？

你是位消化能力尚不健全的寶寶嗎？經常嘔吐、腹瀉？

你是位不幸做了腸胃切除手術的病人嗎？

如果回答是肯定的，那麼你又沒有透過其他方法補充維生素 B_{12} 的話，幾乎可以斷定目前你正受到一些痛苦折磨：舌頭發炎，口腔反覆潰瘍，精力無法集中，寶寶出現了反應遲鈍、呆滯，老年人走路飄飄然，彷彿腳底沒有根……

也許你認為這些症狀不甚嚴重，完全可以置之不理。可是醫生卻會警告你，你的身體正在受著鈷缺乏的肆虐，如果不能趕緊補充鈷，症狀會逐步加重，還會出現恐怖的惡性貧血、神經炎、脊髓萎縮等病症。

鈷能啟動生血功能

鈷以維生素B_{12}的形式發揮著生理作用，其中最重要、最明顯的功能就是促進紅血球發育，啟動人體正常造血功能。可以說，鈷是造血功能的啟動器。不僅如此，鈷還與鐵、錳、銅具有共同生血作用，可以促進鐵的代謝，血紅蛋白合成。所以，當鈷缺乏時，即便補充充足的鐵也無濟於事，身體出現了可怕的惡性貧血。另外，鈷對葉酸儲存能力有影響，當體內含量過低時，還容易導致葉酸減少，核酸合成受阻，血液中的紅血球無法成熟，誘發紅血球貧血。

相關資訊

澳洲以盛產牛、羊等草食性動物聞名於世，可是有一年這些動物發生了嚴重的貧血，死亡率十分高。後來，人們在每英畝土壤中加入幾磅鈷，病情得到明顯改觀。無獨有偶，美國的佛羅里達州也出現過類似事件。而且研究者發現該地區81%的兒童也患上相似貧血。為了改善這一狀況，人們在土壤中添加鈷，使得植物含鈷豐富，這樣吃植物的動物體內含鈷量也提高，當人食用這些動物時，會獲得相對的鈷。

為了預防各種惡性貧血，就要瞭解鈷的食物來源。

●鈷存在多種食物中，最豐富的來源是各種動物內臟中，如牛肝、雞肝、羊腎、豬腎等；100g豬肝中含維生素B_{12}達26μg，而相同份量的豬肉中僅含有2.8μg，相差近十倍。

●各類瘦肉、蛤肉、沙丁魚、蛋和乾酪，以及牛奶、禽肉中也含有一定量的鈷，是較為良好的來源。

●植物性食物，如麵包、穀物、蔬菜、豆類和水果中也含有鈷，不過這類鈷是離子形態，不以維生素B_{12}的形式存在，而人體無法直接利用，也就沒有任何意義。有一點值得注意的是，少數發酵的植物性食物，如臭豆腐、豆腐乳、豆豉、黃醬、醬油，含有極少量的維生素B_{12}，可為人體提供一定的鈷。

從鈷的存在情況可以看出，人體對它的需求量雖然極少，可是如果不能食用含豐富鈷的食物，或者具有某些生理缺陷，無法吸收進入體內的鈷，照樣會造成鈷缺乏，引發各種惡性貧血。

實際上，維生素B_{12}缺乏的情況時有發生，惡性貧血的患病者也常見，特別是下列人群：

①老年人、素食者。老年人身體功能衰退，消化能力減弱，大多喜歡清淡膳食，攝取的維生素B_{12}大大減少；素食，即植物性食物中的鈷無法被人體利用，所以素食者容易出現維生素B_{12}缺乏，引起貧血。

相關資訊

自然界中，反芻動物可以將吃進去的無機鈷在腸道內合成維生素B12；人類和其他單胃動物則不具備這種功能。

②孕婦、哺乳期女性。此時維生素B_{12}需求量大增，一般來說，需要增加平時需求量的1／3。如果攝取的維生素B_{12}不足，那麼寶寶體內的鈷含量就會降低。對於生長發育迅速的幼兒來說，鈷不足的影響更為明顯，出現貧血的機率更高。

③胃酸分泌過少，或者胃腸切除手術病人。維生素B_{12}在腸道內停留時間很長，大約三個小時。其他水溶性維生素一般只停留短短幾秒鐘。這一特性使得鈷的吸收受到胃酸影響很大。維生素B_{12}在胃酸作用下，才會被人體吸收，當胃腸切除手術後，胃酸自然減少，維生素B_{12}無法吸收，也容易引起貧血。

一旦發生惡性貧血，必須到醫院接受維生素B12治療，肌肉注射、口服大量維生素B_{12}。一般病人治療兩天後，情緒會逐漸穩定，食慾也會好轉。採用藥物治療時，同時注意胃腸調理，補充泛酸、葉酸、維生素B_1；病情穩定後，還要維持治療，以補充維生素B_{12}潛在性不足。

鈷能啟動人體唾液中澱粉酶的活性

維生素B_{12}進入體內後，可以貯藏在肝臟中，身體需要時，會調動這部分儲備。這一特點讓身體缺乏維生素B_{12}的症狀不能立即表現出來，大約經過半年以上時間，才會出現各種問題。

一般最早出現的症狀會在消化系統，人會有不想吃飯、舌頭發炎、味覺不靈敏、口腔黏膜炎症等不適。出現這些問題是由於鈷具有啟動唾液中澱粉酶的作用。

唾液中不只是水，還有1%的有機物，主要是澱粉酶、黏多醣、黏蛋白和溶菌酶。其中澱粉酶可以催化澱粉，水解為麥芽糖，並且會隨著食物進入胃部，繼續發揮作用。是消化系統第一道重要關口，一旦活性下降，勢必引起消化不良、食慾不振的症狀。

當進食食物減少，攝取的維生素B_{12}不足，身體進入惡性循環，症狀會進一步加重。所以，及早從膳食中補充足夠維生素B_{12}，是勢在必行的措施。

①素食者需要注意，如果堅持不吃肉類、蛋奶，那麼可以多食用發酵食品。用酵母做的饅頭、發酵的泡菜、豆腐乳、豆豉等，都含有較多維生素B_{12}；酵母衍生物如無酒精啤酒，也含有豐富維生素B_{12}。

相關資訊

有人認為，啤酒中含有鈷，喝了對身體有好處。確實，泡沫多的啤酒含鈷量也多，然而，長期大量嗜飲啤酒，不但對身體無利，還會因鈷過量引發嚴重心力衰竭。所以，現在有人提議啤酒中不可再加鈷鹽了。

最近研究發現，海藻類食物中維生素B_{12}也很豐富，多食用會補充人體所需。

②調理消化功能。很多時候，維生素B_{12}缺乏，不只單純是攝取不足，而是腸胃消化吸收不好。比如做過胃腸切除術的人，胃酸分泌過少，沒有可與維生素B_{12}結合的內因子，也就無法吸收利用。所以，在補充維生素B_{12}的時候，最好同時調理腸胃功能。

③少喝酒精含量高的酒，飲酒過多時，及早口服維生素B_{12}藥丸。

④女性除了孕期和哺乳外，月經期間和經前可適當補充維生素B_{12}，以防止貧血發生。

⑤不要高溫烹調肉類，也不要用小蘇打燒肉。高溫和小蘇打都是維生素B_{12}的破壞者，不利於身體吸收利用。

鈷能啟動甲狀腺的活性

做為電子傳遞員，人體內的鈷對甲狀腺還具有啟動能力。

我們知道，甲狀腺是最大的內分泌腺體，分泌的激素可以促進骨骼、腦和生殖器官發育，對嬰幼兒影響深遠。若甲狀腺激素不足，孩子會出現克汀症（cretinism，或稱呆小症，或稱甲狀腺機能衰退症），生長緩慢，上下半身比例失調；還會出現智力障礙，性器官發育障礙等。

當體內鈷缺乏之時，甲狀腺活性降低，就會引起相關激素不足的症狀。這一點對嬰幼兒來說，特別值得注意。

相關資訊

嬰幼兒甲狀腺功能低下，最好在1歲之內補充充足的甲狀腺激素，因為這一時期，中樞神經系統和腦功能還有恢復的可能。過了此期，即便再多的甲狀腺激素，也沒有效果了。

鈷具有活化氨基酸，促進蛋白質合成的功能，對嬰幼兒來說，也不容忽視。所以，維持寶寶獲取足夠的鈷，是每位父母都需慎重的事情。

①以母乳餵養的寶寶，可以儘早添加動物肝臟、蛋、牛奶等含有維生素B_{12}食品。牛奶加熱時，溫度不可過高，時間不要過長，因為煮2～3分鐘，就會流失30％維生素B_{12}。

②不要長期大量服用維生素C，更不要將兩種維生素藥丸同時服用。維生素B_{12}在鹼性和強酸性環境中會被分解，維生素C會改變腸道酸鹼度，破壞維生素B_{12}的吸收利用。所以不可同服。必須服用兩種維生素時，最好間隔2～3小時。

③寶寶體內維生素B_{12}缺乏時，往往伴隨著葉酸不足，兩者同時攝取，會讓維生素B_{12}的效果更好。

食物中葉酸極不穩定，在空氣、陽光下很容易被破壞，而且在烹調和製作中也幾乎會損失殆盡，因此，獲取葉酸最好多吃新鮮食物，尤其是蔬菜、水果；萵苣是含葉酸最豐富的食品。

當然，寶寶補充維生素B_{12}並非多多益善，由於人體對鈷需求量極微，6個月內嬰兒只有0.5μg，6個月～1歲為1.5μg。可是寶寶對鈷的毒性極為敏感，如果每公斤體重攝取超過1mg時，就會發生中毒。

鈷中毒首先抑制鐵吸收，引起缺鐵性貧血；然後使得體內鉀離子過低，出現低鉀血症，引發心力衰竭。

因此，為寶寶補充維生素B_{12}藥丸，或者針劑時，一定要特別小心，千萬不要鈷過量。

鈷具有一定的解毒功能

鈷在人體內另一典型特徵，就是對神經的影響。維生素B_{12}參與神經組織中脂蛋白的合成，是神經系統功能健全不可缺少的維生素。

生活中，常見到的各類神經末梢炎、神經萎縮、糖尿病性神經炎、各種神經痛、偏頭痛、帶狀皰疹等，都是維生素B_{12}缺乏引起的。人到老年後，常常出現睡眠不好、記憶力下降等苦惱，還有些老人患得可怕的癡呆症。這些都是維生素B_{12}缺乏導致的惡果。

相關資訊

美國科學家曾經對1000多名老人進行追蹤調查，結果發現這些65歲以上的老人中，血液維生素B_{12}含量較高的人，認知能力遠遠強於缺乏的人。因此他們建議60歲以上的老人即便沒有貧血，也要經常補充一點維生素B_{12}，以免發生神經細胞損害，讓可惡的癡呆症染上身。

為了維持老年人攝取充足的維生素B_{12}，生活中不妨採取一些措施：

①不要以素食為主，適當增加肝臟、腎臟等富含鈷的食物。老年人胃酸分泌能力減弱，影響到維生素B_{12}的吸收利用，加上他們喜愛清淡，常常以素食為主，成為造成體內維

生素B_{12}不足的主要原因。因此，建議老年朋友們適當地吃一些肉食，特別是動物內臟、瘦肉，能夠提高較豐富的維生素B_{12}。

②維生素B_{12}藥丸、針劑，也是老年人補充鈷的途徑。

相關資訊

日本國家神經學及精神疾病中心曾經推出過一項治療慢性失眠的藥方：服用維生素B_{12}藥丸。大多數實驗者從中獲益，睡眠得到改善；而且，當他們停止服用後，失眠又回來了。美國《睡眠》雜誌就曾直接指出，維生素B_{12}具有改善睡眠的療效。

服用藥丸時，要注意不能多喝水、不能同時吃安眠藥。因為水會溶解維生素B_{12}，將其排除體外，達不到吸收利用的效果；而安眠類藥物會抑制維生素B_{12}吸收。所以，水和安眠藥是維生素B_{12}的敵人，必須慎重對待。

③值得推薦的還有中藥。研究發現，具有平肝、輕身作用的中藥，含有一定量的鈷。如決明子、當歸、明日葉等，具有鈷的解毒功能。肝臟中的鈷參與肝臟解毒過程，幫助排出體內有毒的金屬、自由基等，對護肝健身很有功效。

【解毒食譜】決明子綠豆瘦肉湯

材料：15g決明子、150g綠豆、150g瘦肉、5g米酒、100g油菜。

製法：將決明子、綠豆、瘦肉，加清水煲湯煮沸；然後烹入米酒，文火慢煲30分鐘左右；放入油菜，再用旺火燒開；10分鐘後，加鹽調味，即成。

功效：決明子富含礦物質，其中就有鈷，而且還含有大黃素、大黃酸等，具有抗菌消炎的效果；綠豆性涼，具有排毒之效，兩者合用，對於熱腫熱毒很有療效。老年人服用後，會達到護肝平喘、降脂強心作用。需要提醒的是，腸胃虛弱的人，不宜服用此湯。

Chapter 14

鉻

人體的守護神

鉻，以多種顏色的化合物形式存在，被譽為「多彩的元素」。這一多彩元素分為二價、三價、六價狀態，有趣的是，不同狀態的鉻對人體來講，意義懸殊極大。二價鉻具有還原性，並不穩定，三價鉻是人體的朋友，而六價鉻具有毒性。

人體內的鉻是三價鉻，約有6mg，它不會被氧化為六價鉻，分布在全身各處，血清中高達5～10微克/毫升。正常情況下，鉻的濃度隨著年齡變化而變化，當年齡增加時，含量隨之減少，人體也就逐漸衰老。為了預防衰老，可以增加鉻攝取量，維持一定濃度，這會讓人永保青春，遠離衰老。從這一意義來講，鉻充當著人體守護神的角色。

鉻是如何守護人體青春的呢？

①鉻是醣和膽固醇代謝的必須物質。鉻是胰島素合成成分，參與醣代謝的整個過程；還是葡萄糖耐量因子，有著調節體內醣含量的橋樑作用。一旦鉻缺乏，醣代謝必定紊亂，也就發生了煩人的糖尿病。

相關資訊

約旦某地區兒童頻發營養不良，出現低血糖和糖耐量障礙。有個研究機構對此調查後，發現是飲水中鉻缺乏所致，於是對他們進行補鉻治療，患童逐漸恢復正常。

②鉻參與蛋白質合成。甘氨酸、絲氨酸和蛋氨酸合成蛋白質時，離不開鉻的參與。這一作用讓鉻對人體生長發育產生影響。寶寶們缺乏鉻時，會患上「蛋白質～熱量營養不良症」；青少年缺乏鉻時，生長發育受阻，視力會下降；成年人缺乏鉻時，肌肉無力，體重會減輕、末梢神經會出現病變。

相關資訊

學者曾經用鼠做實驗，一組鼠飲用加入鉻的水，另一組不加鉻，結果發現，第一組比第二組發育良好，壽命也長。

③鉻對人體的影響，最突出的表現在心血管系統，身體缺乏鉻，會為心血管疾病提供滋生的溫床。美國人心血管發病率很高，遠遠高於生活條件不如他們的亞洲人、非洲人。究其原因，發現他們體內含鉻量普遍較低。此外，調查冠心病發病原因，發現患有冠心病的人頭髮中鉻含量也偏低。可見，鉻是人體重要的必須元素，缺乏不得。人體每天都要從尿中排出鉻，所以需要不斷補充，一般來說，健康成年人每天需要攝取50～200μg鉻。鉻進入人體後在腸道吸收，然後迅速分布到全身各器官組織，尤以肝、肺最多。生活中，青少年、妊娠期女性、中年男性、老年人因為生理特性決定，往往需要的鉻會更多，這時，要想維持身體健康，不受缺鉻困擾，就要想辦法調動更多的鉻，來為身體做服務。

測一測：你有這樣的行為嗎？

你是不是常常無緣無故冒冷汗？手心冰涼？

你是不是常常口渴，還喜歡吃甜食？

你是不是睡眠時間延長，不然總感到昏昏欲睡？

你是不是總想吃東西？否則，超過6小時沒有進食，你就有頭暈目眩之感？還脾氣暴躁？

種種徵兆提醒你注意一點：你體內的鉻元素已經明顯不足。補鉻，是當務之急。

鉻缺乏易得疾病——冠心病

鉻缺乏會誘發冠心病，這源自鉻對醣和膽固醇的代謝調節作用。我們知道，冠心病的典型症狀是冠狀動脈粥樣硬化，引起心肌缺血、缺氧。它的發生與醣、膽固醇代謝密不可分。當膽固醇物質增多，堆積在血管壁上時，就發生動脈硬化；當醣代謝紊亂，血液中胰島素水準增高，也會導致動脈硬化。

而鉻元素可以增強醣和膽固醇代謝能力，降低膽固醇水準，也就能夠預防動脈硬化，減少冠心病發病率。

相關資訊

臨床研究發現，冠心病患者血液中鉻水準遠遠低於正常人。在患者發生心絞痛時，檢測他們頭髮中的鉻，含量更是明顯降低。

目前，冠心病是困擾中老年人健康的第一殺手，那麼，如何增加體內鉻，阻止冠心病發生，或者進一步惡化呢？

與其他礦物質一樣，人體內的鉻主要來自膳食。

- 在日常常用食物中，鉻的最好來源是肉類，特別是動物內臟，如牛肝臟、羊腎臟，含量頗豐。
- 葡萄、啤酒酵母、乳酪、蘋果皮、香蕉、整粒的穀物、麥麩、堅果，也是鉻較多的來源。
- 紅糖、植物油、海藻、奶油中也含有一定量的鉻。
- 大部分水果、蔬菜、糖果、魚類、禽肉、精緻米麵，以及牛奶中含鉻甚微，幾乎可以忽略不計。不過，胡蘿蔔、青豆、菠菜，還有水果中的柑橘類、草莓，含有的鉻相對多一點。

從鉻的來源我們可以看出，富含鉻的食物並不多，而且無機鉻進入人體後，吸收率非常非常低，只有1%。這成為鉻缺乏的主要原因。不僅如此，現代生活的很多習慣，都阻礙了鉻的攝取：

①膳食追求精細，粗糧消失，攝取含鉻的食物減少。精製的食品，如餅乾、麵包，和精製的糖，如白糖、奶糖，其中的鉻在加工過程中幾乎全部喪失，而現代人卻往往喜歡這類食品，並長期大量食用，不注重進食粗糧，結果造成鉻攝取不足；同時，這類食品還會促進體內鉻排泄，加重身體缺鉻的情況。

②進入體內的鉻受到排擠，得不到「重用」。草酸、植酸都會結合鉻，形成鉻鹽，排泄體外，造成鉻浪費。草酸、植酸存在大量穀物、蔬菜中，比如菠菜以富含草酸聞名。穀物不但含有植酸，還是高碳水化合物，其中的碳會刺激鉻從組織中排出，造成儲存的鉻流失，加速人體衰老。

從以上分析來看，體內缺乏鉻多與膳食習慣有關，要想預防冠心病發生，就要做到：

首先，調整膳食結構，攝取充足的鉻。

肝臟雖然是富鉻食物，可是含有較多膽固醇，對冠心病不利，因此，預防冠心病最好選擇多吃一些粗糧；粗糧不僅含有鉻，還含有多種礦物質，以及纖維質能夠清除體內毒素，減少脂肪，對降脂很有幫助。

【冠心病患者補鉻食譜】蕎麥麵條

材料：蕎麥麵條、羊肉末、黃瓜丁。

製法：將蕎麥麵條煮熟，加入羊肉末、黃瓜丁，即可。

功效：蕎麥性涼，容易傷胃，與黃瓜、羊肉末搭檔，黃瓜清淡去膩，羊肉末性暖養胃。三者合用，可以減血脂、降血壓，很適合中老年人食用。需要注意的是，蕎麥不好消化，每次不要吃太多，最好中午吃，吃的時候盡量多泡一會兒，口感更好，也更易消化。

其次，選擇易吸收的鉻。

無機鉻在體內吸收極差，只有有機鉻才容易吸收，如啤酒酵母中的鉻以葡萄糖耐量因子的形式存在，吸收率可達10～25％。

啤酒酵母可以單獨食用，也可以加入牛奶、豆漿中服用，還可以抽取物做為食品和藥物的天然調味品，用在糖類、滷汁、乾酪烘焙食品、調味劑中做調味，是鉻、鈷以及各種維生素、氨基酸豐富又經濟的來源。

再次，多吃葡萄、香蕉等含鉻豐富的水果，吃蘋果時不要削皮，也會增加體內鉻含量。

鉻缺乏易得疾病——糖尿病

胰島素分泌不足，是引發糖尿病的致命原因，患者易有多食、多尿、多飲、體重減輕，這就是著名「三多一少」。胰島素怎麼會分泌不足呢？這與鉻有著很大的關係。

鉻是胰島素組成成分之一，如果體內含量降低，那麼胰島素就不能正常分泌，無法發揮作用。這時，醣代謝紊亂發生，糖尿病在所難免。

相關資訊

美國是糖尿病高發的國家，近年來發病率持續上升。學者在研究過程中發現患者體內血液中的鉻含量比正常人低。當為他們補充鉻後，血糖運轉即可得到改善，血糖下降，病情得到緩解。

為身體補鉻，是預防糖尿病的關鍵措施：

①粗糧、低碳飲食。限制碳水化合物，是幫助體內血糖正常的基礎。食糖、糖果、蜂蜜和各種甜食、含糖飲料中的糖，很容易在體內吸收，使血糖升高，加重胰島素負擔，促使鉻排泄。因此日常膳食中盡量減少這類食物，是預防糖尿病的關鍵。

對於已經出現糖尿病徵兆的人，不妨多吃全麥、燕麥、南瓜、海藻等低碳食物。

②茶葉是含鉻較多的飲品，老年人可以多飲用一些，對預防糖尿病有好處。

③某些中藥，如人參、靈芝、何首烏、鱉甲、五味子、當歸等補藥中鉻含量較高，可以適當服用，不失為強體健身的選擇。

④由於鉻吸收很差，一旦出現糖尿病，單純地食補就無法提供足夠的鉻，這時藥物就成為必要選擇。誠如美國一位營養博士所說：「從日常飲食中很難獲取這麼多的鉻，最好的來源是含鉻的多維礦物質合劑，另一個來源是強化鉻藥片或釀酒的酵母。」對腸道吸收障礙的患者來說，還可以透過靜脈注射氯化鉻，獲取三價鉻。

相關資訊

在以色列，研究人員曾經對39位平均年齡70多歲的糖尿病人進行鉻治療。這些病人每天只攝取1500大卡低糖食物，並攝取200μg鉻。三週後，他們血糖由189mg/dl，降到150mg/dl；膽固醇由225.26mg/dl，降到了211.42mg/dl，療效顯著。

⑤使用不銹鋼餐具。鉻常用來製造不銹鋼餐具，含量在2～10%，有人發現，用不銹鋼餐具烹調的食物，鉻含量高於其他食物。這倒是又一個補充鉻的來源。

鉻與其他元素的關係

要想充分瞭解鉻，並獲取足夠的鉻，還要瞭解它與其他礦物質的關係。

①鉻與鐵有拮抗作用。鉻在體內必須與蛋白質結合，才能到達全身各處。不巧的是，與鉻結合的蛋白質也是鐵的載體，當體內鐵過多時，會更容易地與這些蛋白質結合，這樣蛋白質被鐵搶佔，鉻無法到達指定位置，身體出現缺鉻狀態，也就引發相關問題。

②銅、磷也有類似作用。銅、磷與蛋白的結合能力也很強，會搶奪鉻需要的蛋白質，造成鉻缺乏。研究已經發現，糖尿病人血中銅、磷含量都高於正常人。

③與鉻不存在拮抗作用的礦物質是鋅、硒、錳、鐵、釩、鎳、鎂，它們在糖尿病人血液中的含量，往往與鉻一樣，也是低於正常人。

可見，在為身體補充鉻時，過多的鐵、銅、磷都是有害無益的，所以糖尿病人最好不要增加這些物質攝取。

不僅如此，對正常人來說，如果希望增長肌肉，提高耐力，不僅要適當地攝取鐵、銅、磷，並要增加鉻的攝取。因為隨著年齡增長，鉻濃度下降，膽固醇含量升高，蛋白質合成減少，肌肉自然減少，耐力也就下降。

尤其是中年以後的男人，很渴望恢復青春威猛，這時就要多吃一些含鉻豐富的食物，並加強運動，主動減肥，提高鉻利用率。

成年男人每天至少攝取50μg鉻，而那些喜愛運動的男人需要量要多出2、3倍。實際上，健美運動員為了增長肌肉、減少脂肪，一直非常注意鉻的補充。

鉻中毒——非職業性

三價鉻毒性很低，吸收又差，加上鉻在體內有益和有害劑量之間的安全範圍很大——有毒劑量是有效劑量的1萬倍！因此正常膳食時，幾乎不會發生三價鉻中毒的事件。不過，有些情況下還是會讓體內鉻過量，引起急慢性中毒事件。

①服用鉻藥丸、啤酒酵母過多時，鉻元素會干擾其他元素吸收，比如阻礙鐵、銅磷吸收，引發相對症狀。

長期大量飲用鉻過高的啤酒，會引發慢性中毒。病人出現酸中毒症狀，嚴重時會發生心力衰竭、休克，十分危險。

②金屬鉻是一種多彩的元素，其氧化物是無毒的綠色顏料，常被化妝品行業看重。目前，氫氧化鉻綠、氧化鉻綠被允許做為著色劑。然而，它們不能用於口腔、唇部化

妝，不然鉻進入體內，會引發慢性中毒。

③重鉻酸鉀可以治療疣、燒灼、痔瘡，臨床上應用時，如果劑量控制不好，會刺激腸胃道，出現口腔黏膜變黃、嘔吐物變黃變綠、腹部燒灼痛、腹瀉等中毒症狀，如果得不到控制，還可以引起休克、死亡。

相關資訊

有位病人，臉部患皮膚癌，接受鉻酸結晶治療，結果發生急性腎炎，用藥後48小時病人無尿，30天後，因急性腎竭死亡。

應用氯化鉻時，也會因過量發生中毒，病人的皮膚潮紅、噁心嘔吐、胸骨疼痛，還會出現耳鳴、耳聾。

另外，應用鉻鹽時，雖然沒有出現中毒症狀，可是長期輕微過量，會導致慢性中毒，引發甲狀腺腫大、心肌炎等。

治療鉻中毒，通常採取對症處理的方法，比如停止攝取或者限制攝取量，口服牛奶、豆漿，或者蛋清進行洗胃，治療相對症狀，控制病情等。除此之外，飲食中強化維生素C的食物，如新鮮蔬菜、水果，或者大量服用糖，都可以刺激鉻排出體外，減輕中毒。

鉻中毒——職業性

在生活中，常見到的鉻中毒都是職業性的。這類鉻都是六價鉻，在工業中應用廣泛，可以用來製作不銹鋼，還可以用來染色、防銹，是自然界中分布廣泛的金屬之一。

長期從事鉻酸鹽工作的人透過呼吸、皮膚吸入大量六價鉻，這些鉻具有刺激性和腐蝕性，會使人體的蛋白質變性，核酸和核蛋白沉澱，干擾酶工作，引起一些中毒症狀。

①透過皮膚接觸鉻，會引起皮膚潰瘍、接觸性皮膚炎，出現紅斑、水腫等，還能引發皮膚癌。

②透過肺呼吸鉻酸鹽粉塵，可對呼吸道產生明顯損害，發生鼻黏膜潰瘍、咽喉炎、肺炎。患者有咳嗽、胸悶、發燒等症狀。另外，還可誘發肺癌。

相關資訊

在美、日、英等國家，從事鉻礦石生產鉻酸鹽的工人患肺癌的機率大大高於一般人，經流行病學研究，認為這是鉻導致的，於是將這種病稱為「鉻肺癌」。

③六價鉻還對消化系統產生危害，讓接觸者口腔發炎、胃痛、胃潰瘍，血水樣便，令他

們渾身乏力，味覺、嗅覺不靈敏。

另外，鉻中毒還能危及兒童的中樞神經系統，引發不可逆轉的損害，危險極大，因此千萬要讓他們遠離鉻生產環境。

對付職業性鉻中毒，通常按照金屬中毒進行對症處置，如口服大量牛奶，以保護胃黏膜不被腐蝕，加速鉻排出；緊急去醫院進行洗胃，改善酸鹼平衡；根據病情採取相對措施等等。

當病情穩定後，可以為病人增加蛋白質、維生素C攝取。

Chapter 15

鉬

鐵的好助手、代謝的積極分子

鉬，是植物和動物生長的必須微量元素，沒有它，植物就不存在，動物也無法生存。對於人來說，鉬同樣重要。

鉬主要分布在人體的肝臟、骨骼和腎臟中，約有5～9mg，可以組成多種金屬酶，直接參與新陳代謝，不愧為代謝的積極分子。

鉬的代謝功能透過鉬酶表現出來，鉬酶是氧化還原酶，缺少鉬，活性會降低。鉬酶在人體內的功能主要有以下幾個方面：

①促進尿酸代謝。人體內的嘌呤類物質釋放完能量後，最終轉化為尿酸排出體外。這一轉化過程中離不開黃嘌呤氧化酶的參與；黃嘌呤氧化酶恰恰是鉬酶，缺乏鉬，也就失去催化作用。因此，體內鉬不足時，尿酸轉化受阻，尿酸鈉鹽沉積體內，引起腎結石、尿道結石。

②加速醛類代謝。醛氧化酶也是鉬酶，可以催化醛類代謝，加速它們氧化和排泄，以免過多的自由基危害身體，發揮抗衰老抗癌的作用。

③鉬參與構成的亞硫酸氧化酶可以促進含硫氨基酸代謝，轉化為無毒的硫酸鹽。鉬做為上述三種重要金屬酶的輔基，發揮著重要生理作用，離開它，蛋白質在體內代謝障礙，產生的毒素無法排出體外，肯定會引起身體各種疾病。

④鉬還有啟動硝酸鹽還原酶的功能，使得亞硝酸鹽失去致癌性，降低癌症發病率。

⑤鉬參與醣和脂肪代謝，促進生長發育；與三種金屬鉬酶一起，有著保護心肌，預防心

血管疾病的作用。

⑥參與鐵、銅之間的反應。鉬是鐵的助手，可以激發鐵的活性，防治貧血發生；而鉬卻是銅的對手，體內銅過多時，它可以幫助解毒，排出過多的銅。

⑦鉬可與氟共同作用，刺激骨中的鈣、鎂含量增加，防止齲齒發生。

測一測：你有這樣的行為嗎？

你是否時常缺乏精、氣、神，就像皮球沒了氣，終日疲軟無力，無精打采？

你是否臉色蒼白，出現貧血症狀，補鐵、維生素B_{12}效果不佳？

你是否有齲齒，而且補充大量氟，卻效果不佳？

你是否覺得自己肌膚灰黯？

你是否常常感到心慌氣短、躁動難安？

如果答案是肯定的，那麼就要告訴你，你體內的一種微量元素——鉬，可能出現了缺乏問題。

預防貧血的有力武器

做為代謝的積極分子，鉬的預防貧血功能特別值得一提。

首先，鉬參與硫、鐵、銅之間的反應，能夠激發鐵的活性，讓鐵更容易參與生產血紅蛋白，進而降低缺鐵性貧血的發生。

其次，鉬還直接參與維生素B_{12}的合成與代謝。維生素B_{12}是紅血球發育成熟的主要成分，缺少時會誘發巨幼紅血球貧血，使得紅血球不能成熟。因此，鉬可以預防維生素B_{12}缺乏引起的惡性貧血。

可見，鉬是預防貧血的有力武器，就像劊子手一樣，可以扼殺、阻止各種貧血，其意義非同一般。鉬不足時，身體貧血的情況就會發生或者加重，要想預防各種貧血，必須維持攝取足夠鉬。

●鉬來自於多種食物，動物內臟、肉類、全穀食物、蛋、扁豆、豌豆、深綠色蔬菜、酵母中都含有一定量的鉬，其中豬肉、羔羊肉、豆類、麥芽中含鉬較豐富；如1kg小麥胚芽含鉬67～134mg，1kg豆類含鉬190～300mg。

●蔬菜中的捲心菜、大白菜、胡蘿蔔、蘿蔔，是含鉬較多的食物；如1kg綠葉蔬菜含鉬4～90mg。

一般情況下，健康成人每天攝取0.1～0.35mg鉬就可以滿足需求。鉬以鉬酸鹽的形式被吸收，大約有一半進入血液，大部分透過尿液排泄，也有一部分透過膽汁排泄。鉬的排泄受到腎臟調節，存留能力較差，當膳食中的鉬攝取增多時，腎臟中排泄的鉬也隨之增多。

對人體來講，獲取足夠的鉬並不難，這是因為食物中的鉬呈水溶性，較容易被人體吸收。然而，由於植物中的鉬含量受到土質影響很大，不同地區人獲取的鉬差異也就較大。這樣一來，貧鉬土壤無法提供充足的鉬，很容易讓生活在當地的人體內缺乏鉬。

另外，一些營養不良或者患有嚴重燒傷、外傷的人，體內鉬供給不足，流失過多，也會出現缺乏問題；還有銅中毒的時候，也容易發生貧血。

針對以上幾種情況，有必要補充鉬，及早預防和控制貧血。

①膳食含鉬豐富的食物，無疑是獲取鉬的最佳途徑。需要指出的是，食物中的鉬含量受到土質影響，相同食物在不同地區生長，鉬含量會有很大差別。所以，應該選擇富含鉬的土地出產的食物。

【富鉬食譜】紅糖黃豆飲

材料：60g黃豆、10g紅糖。

製法：將黃豆洗淨放入鍋中，加水煮熟，然後放入紅糖，溶化即可。

功效：這道食譜製作簡單，其中的黃豆富含鉬，100g含鉬約6.59mg，而紅糖富含鐵、鉻等元素，都是補血的良材。對於貧血、肢體痠痛、疲勞很有幫助。

②茶葉中含鉬，適當飲用可以補充需求。

③服用含鉬藥丸，如可溶性鉬酸銨，吸收率很高，約88％～93％。而含硫化合物可阻止鉬吸收，比如硫化鉬吸收很低，只有5％。

需要提醒大家的是，孕婦和哺乳期女性如果沒有貧血發生，一般不需要補充鉬，更不能服用鉬藥丸。這是因為鉬很容易吸收，一旦每天攝取5mg鉬，就會出現中毒現象。

缺鉬所引起的疾病

除了貧血外，缺鉬還與多種疾病有關係。

①克山病。克山病是一種地域性疾病，以心肌病變為主，因首先在中國黑龍江省克山縣發現而得名。在對克山病研究防治過程中，人們發現此病與當地土壤中缺乏微量元素硒、鉬、鎂有關。

相關資訊

研究發現，在給心肌梗塞病人的屍體檢測時，心肌中的鉬含量顯著降低；心絞痛病人的血液中，鉬含量相對較低；而在鉬缺乏地區，心臟和主動脈內鉬含量明顯低於鉬不貧乏的人群。

預防克山病，最好的辦法就是在土壤中施用鉬酸銨肥料，提高植物含鉬量，進而使動物和人體都能攝取更多鉬。

②腎結石、尿道結石。鉬在嘌呤類物質的轉化功能，可以使得嘌呤代謝物即時轉化為尿酸，排出體外。當鉬缺乏時，尿酸鹽沉積，則發生結石。

③癌症。亞硝酸鹽是致癌物質，當食物中含量過高時，會引起人體內攝取量和儲存量升高。過多的亞硝酸鹽堆積體內，增加了癌症風險。

亞硝酸鹽只有轉化為硝酸鹽，才能排泄體外。在這一轉化過程中，亞硝酸還原酶功不可沒，由於鉬是亞硝酸還原酶的組成成分，所以，鉬缺乏時，會使亞硝酸鹽代謝受阻，進而致使癌症發生或者加重。

不管哪種疾病，一旦發生後，除了積極治療相對症狀外，必須迅速補充鉬。在攝取鉬這一方面，中藥發揮了令人驚喜的作用。

在已知的中草藥中，鉬含量豐富的非常多，比如1g白芍含1.5μg鉬，1g山楂含0.24～1.56μg鉬。其他如大黃、羅布麻、地龍、半夏、防己、女貞子，都含有較多鉬。

服用中藥補充鉬時，必須在辨證施治基礎上，結合身體情況選擇藥方。

與食道癌的發病關係密切

鉬缺乏會誘發食道癌，可是鉬過量依舊與食道癌有著不可推卸的責任。「過猶不及」，鉬與食道癌的關係告訴我們，在對待鉬的攝取問題上，一定要謹慎。人體內鉬含量微少，約有5～9mg。由於鉬很容易吸收，在透過各種方法補充鉬時，就要留意鉬的攝取量。

①痛風。體內鉬過多時，黃嘌呤氧化酶活性增加，血液和尿中的尿酸水準升高，引起高尿酸血症，人體會出現的則是痛風症狀。

相關資訊

亞美尼亞地區土壤中富含鉬，當地居民日攝取量高達10～15mg，結果這裡的人患痛風綜合症機率極高。

②骨骼發育失常。鉬參與銅、鐵和磷的代謝，過多時會與銅結合成鉬化銅，鉬化銅很難溶解，無法被人體吸收；而且鉬還會影響鈣、磷代謝，干擾它們構成骨骼。這樣一來，骨骼代謝紊亂，身體就會出現佝僂病、軟骨症、膝蓋內翻。這對兒童來說，影響

尤其突出。鉬還拮抗鋅、錳、鈷等元素作用，使它們水準降低，引發相對的性能力減退、脫毛等。

③貧血和白血病。過多的鉬在體內，還會干擾硫化物代謝，使得硫化物堆積，造成貧血和白血病。

為了很好地限制鉬含量，預防中毒發生，生活在富鉬地區的人、鉬生產企業的職員，要做好預防工作，少吃鉬含量豐富的食物，多喝水，加速鉬排泄；盡量不要暴露在鉬環境下。

降低齲齒的風險

齲齒是兒童常見的病症，大多數人都知道氟對其影響很大，卻不知道鉬在其中的作用。鉬，也是參與牙齒琺瑯質構成的礦物質。琺瑯質，又叫牙釉質，是牙齒表面的保護層，保護著牙齒的健康。琺瑯質十分堅硬，僅次於金剛石，由鈣、鎂等礦物質構成，其中也含有較多的鉬。

鉬不僅參與琺瑯質構成，還能夠啟動鈣、鎂活性，與氟一起，承擔著防止齲齒的重任。處於發育期的兒童，牙齒也在不斷地生長，需要大量鈣、鎂、氟、鉬等礦物質。這時，如果體內鉬缺乏，琺瑯質無法正常構成，就會影響牙齒健康，出現齲齒。

要想防止齲齒，為寶寶們補充足夠的鉬是必要的。

①注意寶寶的飲食習慣，即時增加各種輔食，比如各種粗糧、硬質食物，既能補充鉬，還可以增強牙齒的耐磨力。由於寶寶消化能力所限，進食粗糧量不要太多、次數不要太勤；硬質食物，如堅果可以掰成小塊餵食。

②可以給寶寶食用小麥胚芽。小麥胚芽富含鉬，可以放入煮沸的牛奶、豆漿中一起吃。要注意的是小麥胚芽還含有多種維生素，在過燙的液體中容易流失，所以只要煮3秒鐘就可以了；而且最好儘快吃掉。

③少喝碳酸飲料。碳酸飲料是酸性的，會溶解各種礦物質，其中也包括鉬。當一個孩子嗜飲可樂等飲料時，牙齒琺瑯質受損，齲齒發生率大大提高。齲齒不只發生在兒童，很多成年人如果保護不好，牙齒也會受傷。特別向他們推薦的防治齲齒良方——多喝茶。茶中富含鉬，而且富含氟，兩者共同作用，就像給牙齒加了一層保護傘，抗齲齒能力絕對棒。

讓你精氣十足的微量元素

從鉬與人體的各種關係中，我們看到鉬的重要性。然而，沒有人希望出現疾病時再去補充鉬，而是如何及早知道體內缺乏鉬，如何及早預防。鉬缺乏會給人強烈感受，這種感受不一定是疾病，但同樣讓人難過。

①精力不濟，疲軟無力。由於鉬在代謝中的積極作用，當鉬不足時，尿酸代謝障礙，堆積體內；同時，醛類毒素不能正常排泄，自由基增多，這兩種物質使人體處於酸性環境下，自然感到渾身乏力，肌肉疲軟，缺乏精、氣、神。

②臉色蒼黃、灰暗、一副衰老態勢。鉬不足影響到鐵的活性，血液中血紅蛋白生成降低，膚色當然變得「血色」不夠，蒼黃、灰黯。

③心律過速、呼吸急促，還不能安心工作。鉬缺乏時，動脈壁彈性降低，加上酸性環境下心臟無法正常工作，也就出現心慌氣短、煩躁不安的現象。

這時，如果能夠給予充足的鉬，身體狀況會大為改觀。那麼，怎樣才能讓人精氣十足呢？

●多吃蔬菜、穀物中的富鉬食物。

全穀食物、豆類、深綠色蔬菜，不僅提供鉬，還含有較多維生素C，是對抗自由基、各種毒素的好選擇。例如，用鉬酸銨噴灑過的大白菜，鉬含量提高5～6倍，維生素C含量提高24.8%，而硝酸鹽降低19%，亞硝酸鹽降低26.5%。

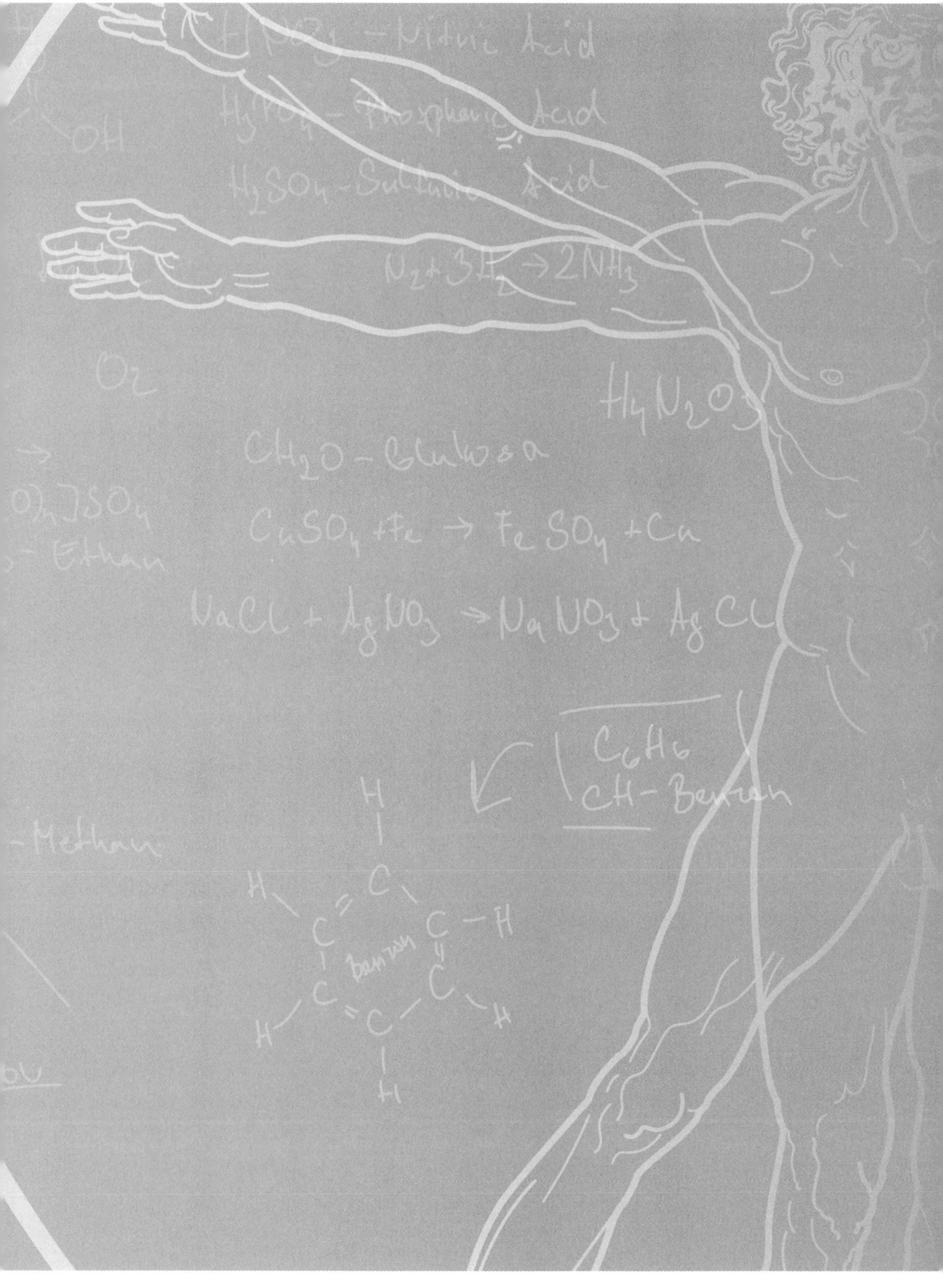
H3PO4 - Phosphoric Acid
H2SO4 - Sulfuric Acid
N2 + 3H2 → 2NH3
O2
H4N2O3
CH2O - Glukosa
CuSO4 + Fe → Fe SO4 + Cu
NaCl + AgNO3 → NaNO3 + AgCl
C6H6
CH - Benzen
- Ethan
- Methan
benzen

Chapter 16

錫

體內的散熱器、抗腫瘤先鋒

提起錫，人們並不陌生，做為青銅器的組成成分之一，錫早已聞名世界幾千年了。錫，可以硬化銅，是冷兵器時代的主要材料。相傳戰國時期，中國無錫曾經盛產錫，人們紛紛前去開礦鑄造武器。後來錫被用盡了，此地就被稱為無錫，以此寄託人們希望天下沒有戰爭的宏願。

錫，不僅是重要的金屬材料，與人體健康也息息相關。20世紀70年代，人們發現錫是人體不可缺少的微量元素之一，正常成人體內約含有17mg，分布在肝、腎、肺、脾、心臟、骨骼等全身各處組織中。

體內的錫參與各種生理活動，作用如下：

①錫是抗腫瘤的專家。錫在人體的胸腺中可以產生一種抗腫瘤的錫化合物，這種物質對於抑制癌細胞很有幫助。研究發現，乳腺癌、肺腫瘤和結腸癌患者的腫瘤組織中，錫含量比其他組織中明顯減少。

②生長發育的必須物質。蛋白質和核酸是生長發育的基礎，它們在多種因素促進下，才得以合成發揮作用。這些因素中，錫佔據一分子。

③錫參與構成多種酶，參與黃素酶的生物反應，在維持身體內環境穩定方面，有著一定的作用。

人體的內環境指的是細胞生存的環境，也就是細胞外液，包括組織液、淋巴、血漿，它們為細胞提供營養，維持細胞新陳代謝。內環境處於穩態中，人體才會健康；而內環境遭到破壞，細胞無法正常新陳代謝，身體就易出現毛病。維持內環境穩態，包括體溫調節、酸鹼平衡、醣的代謝等等。其中體溫調節是必不可少的一個條件。

我們知道，人是恆溫動物，不管嚴寒還是酷暑，體溫都在36.5℃左右。維持這一溫度，人體就要不斷地產熱、散熱，所以需要攝取能量，又要透過流汗、排尿等散發熱量。在散熱過程中，人體會流失大量水，還包括各種礦物質、乳酸、氨，以及尿素、維生素等等。由於錫具有涼性和散熱性，在人體散熱中發揮著自己的作用，不亞於人體的散熱器。

測一測：你有這樣的行為嗎？

你是否酷愛罐頭食品，特別是一些水果類罐頭？

你是否使用了多種含錫器皿，如錫茶罐、錫鍋、錫飯盒？

這些行為會讓你攝取太多的錫，錫本無毒，可是進入消化道與其他物質結合後，毒性劇增，會危害神經、引起貧血，還損害肝臟。

那麼，是否要杜絕錫，不讓其存在體內呢？當然不是，錫是人體必須微量元素，如果你的日常膳食中缺乏蘑菇、大蒜等蔬菜，或者其他富錫食物；如果你不幸消化道吸收較差、或者腎臟出現毛病；如果你已經患上腫瘤，或者兒童生長發育不良，卻與鈣、磷等礦物質無關。這些狀況都會導致一個結果：錫不足！

錫不足會影響人體生長，嚴重時出現侏儒症；錫不足還會危及毛髮系統，讓人容易禿頭、灰指甲；錫不足還會損害聽力，讓人對聲音敏感；更要命的是，錫不足會使腫瘤加重……

攝取錫元素的途徑

錫的作用提醒人們不可忽視錫的攝取，以維持人體內環境穩定，不會發生突變，引起疾病。

正常成人日需求錫2～3mg就會滿足需求。錫廣泛存在多種食物中，健康人只要正常膳食，一般不會缺乏。

●含錫豐富的食物有蔬菜中的蘑菇、胡蘿蔔、菠菜、甘藍、大蒜；各種肉類、穀物，含錫量一般，綠豆卻是富錫食物；咖啡、牛奶也是富錫食品；香蕉、桃、山楂等水果中也含有較多錫。

●罐頭食品是含錫最豐富的食品，不過由於其中含有防腐劑，對身體沒有好處，所以不值得提倡。

●天然水中含有一定錫，也是人體內錫的來源。

除了食物和飲水外，人體內的錫還有一個來源，那就是錫器。

由於金屬錫具有散熱性、獨特的光澤，以及易於加工等特性，自古以來錫就成為人們鍾愛的用來加工器皿的金屬。1000多年前，人們開始用錫罐儲存茶葉，銷往日本、東南亞地區。正是這一原因，中國的「茶道」、錫茶罐得以流行世界各地。錫儲存茶葉的效果十分好，茶葉在一般容器中，保鮮期僅為一年左右；而在氣候潮濕、乾燥的環境中，保鮮期更短。然而放在錫茶罐中的茶葉，保鮮期明顯延長，色澤鮮亮，氣味芳香。

除了茶罐，錫器還有很多用處，古人用它來淨化井水、做為酒具等等。原來，錫具有吸收不純物質的能力，可與有毒的亞砷酸、氰酸發生反應；還具有測毒的能力，能夠淨化水質，讓人們放心飲用。另外，用錫製作的花瓶，水更清澈，更易於鮮花保鮮。

錫不是重金屬，沒有金屬的異味，常用來製作各種酒具。有些國家有喝「溫酒」的習俗，溫酒在人體易散發，不容易醉；為了溫酒，人們選擇了錫酒壺。因為錫導熱快，容易加熱；而且錫對人體基本無毒，可以增加酒的韻味。

正是以上種種優點，使錫有了「盛水水清甜，盛酒酒香醇，貯茶味不變，插花花長久」的美譽。

錫器的使用一直流傳至今，更被現代人充分利用。人們用錫製造罐頭，薄薄的一層鍍錫鐵皮，就為人類貯藏千百萬噸的肉、魚、蔬菜、水果，以滿足不同人群的需求。為此，錫又被冠以「罐頭金屬」的稱號。

錫在人體內的涼緩作用

豐富的來源，多采的功能，讓錫與人類密不可分。那麼，錫進入人體後是如何代謝的呢？

首先，錫進入人體後，並非全部被利用，其中大部分隨著糞便排出，還有一部分經過腎臟代謝，從尿液溜走。低聚集、快運轉，是錫的代謝特點，就是說，錫在人體停留時間較短暫。研究發現，骨骼內的錫，在20～40天之內就能代謝一半。

當人體內的錫含量降到正常值以下時，肝臟和腎臟中的錫幾乎完全消失。

其次，錫代謝還有一個特點，當人體不缺乏錫時，即便補充錫，也不會被吸收；而一旦體內缺乏了，補充的錫會較快、較多地被吸收。

錫代謝的特點提醒人們，必須認真對待錫在體內的失調問題。實際上，錫與其他微量元素一樣，雖然含量極微，卻很容易因為過多或者過少引起身體毛病：

①人體缺錫的情況很少發生，迄今為止還沒有單獨的病例報導。但是研究已經證實，缺錫會導致蛋白質、核酸生成異常，進而影響人體生長發育。這一點對兒童作用顯著，嚴重時會出現侏儒症。

成人缺錫，則容易禿頭、對聲音敏感，還會出現灰指甲；更要命的是，錫做為抗腫瘤專家，一旦缺乏，腫瘤發生率會提升，病情會加重。對腫瘤病人，多使用錫器無疑是獲取錫的簡便快捷方法。

【補錫食譜1】蘆筍蓮子羹

材料：蘆筍、火腿、蓮子、玉米各適量。

製法：將蘆筍洗淨切段，用沸水焯透，和火腿丁並排放入盤中；然後把蓮子和玉米粒洗淨放入鍋中，加水或者湯燒開，用澱粉勾芡；最後將湯汁淋到菜上。

功效：此道食譜色澤鮮豔，味道清脆，其中蘆筍和玉米含錫豐富，而且玉米還有多種營養素，不愧為降脂養肝、抗癌防病的良品。

【補錫食譜2】黑豌豆炒雞蛋

材料：黑豌豆、雞蛋各適量。

製法：黑豌豆與雞蛋液放在一起，攪拌後翻炒，然後加入鮮湯，勾芡即成。

功效：黑豌豆也是富錫食物，可以清熱解毒、抗癌防病。

②相對來說，錫過多引起中毒的情況更多見。長期應用錫器皿或者進食罐頭製品，是人體含錫量增多的一個原因。有人研究認為，現代人體內含錫量已比原始人增高約200倍！錫過量引起醣代謝、鈣代謝障礙，還會影響胃酸分泌，出現噁心嘔吐、腹瀉、口乾等症狀。

在錫工業領域，長期接觸錫粉塵，會吸入錫，侵害呼吸道、消化道，病人出現頭暈頭痛、噁心腹瀉、皮膚黏膜損傷潰瘍等情況，嚴重時還會肝中毒，神經系統出現故障。

可見，錫過少或者過多都不是好現象，除了工業錫中毒外，影響人體每日錫攝取量的因素主要有以下幾個方面：

●土壤中的錫含量，是影響植物、動物錫多少的關鍵。當土壤中富含錫時，生長此地的植物不缺乏錫，以植物為生的動物也就獲得了足夠錫。如此一來，人就可以從這些植物、動物中獲取充足的錫。

相反，當土壤中缺乏錫時，當地居民也就缺少了獲取錫的途徑。

同時，土壤中的錫含量，也間接反映出當地水中的錫含量，人想從水中補充錫，會遇到同樣問題。

●食物的處理和加工方法，會影響錫含量。

新鮮食物中，錫含量一般較豐富，也容易被人體吸收；而長期存放的食物，如果沒有保鮮處理，其中的錫被氧化，很難被人體吸收利用。

- 在罐裝食品盛行的時代，食物儲存的條件，如溫度、酸鹼度、是否鍍錫保護層都會影響錫含量。

相關資訊

為了控制食物中錫含量，國際食品規格委員會曾經針對某些食品做出過專門規定，如龍鬚菜、番茄、柑橘的含錫量≤2.5×10——9g/kg，蘋果含錫量≤1.5×10——9g/kg，這時才能健康食用。

因此，人們在日常生活中需要從以上幾方面加以留心，盡量少食用罐頭食品，適當使用錫器，多吃新鮮食物，都是保持體內錫含量正常的必要方法。

錫的保質作用

我們多次提到罐頭食品，認為這是錫的一個重要來源。可是錫為什麼用來製作罐頭包裝呢？

原因很簡單，錫具有較強的抗腐蝕能力。日常生活中我們常常見到「馬口鐵」，就是在鐵的表面上塗了一層錫，是一種鍍錫的鐵片。錫可以抵抗氧、水和有機酸的腐蝕，比鐵更穩定。因此，當人們製作各種罐頭時，自然想到了錫，利用它來防止腐蝕。

錫的保鮮作用，使其在包裝行業大展身手，也讓它過多地污染了食物，成為引起錫中毒的主要原因。

相關資訊

1954年，法國巴黎的某個小鎮上出現了怪事，許多在人使用一種抗感染藥物後，出現頭痛、嘔吐、虛脫、看不見東西的中毒症狀，嚴重者還失去了生命。是什麼引起如此惡劣的後果?研究發現，這些人服用的抗感染藥物中含有二碘二乙基錫，錫本無毒，與碘結合後卻成為劇毒物質，造成無可挽回的惡果。

從19世紀開始，人們開始使用錫製罐頭，用來保存肉、水果、蔬菜。這為人們提供了更為豐富的食物途徑，一下子風靡全球。然而，錫雖無毒，可是它的化合物卻具有毒性。當初，人們將錫的有機化合物塗在輪船上，防止腐蝕和甲殼動物繁殖，卻不料這些塗料污染海洋，造成牡蠣、貝類等大面積死亡，遭到明令禁止。

為了防止錫中毒，選擇錫製罐頭食品時就必須小心：

①錫在酸性環境下腐蝕最嚴重，各種柑橘類罐頭、番茄罐頭，因為富含酸性物質，容易

將錫浸泡出來，危害較大。因此，最好不要食用這類罐頭食品。

②高溫下，錫的析出也增多，因此如果高溫儲存的食物罐頭，最好少吃。

③各種添加了硝酸鹽的罐頭，也容易浸泡出錫，不宜食用。

在食用各種錫罐罐頭時，注意吃不完的話，可將裡面的食物倒出來，放進加蓋的玻璃容器或者不銹鋼容器內，冷藏保存。另外，多鍛鍊、多喝水也會加速錫排泄。

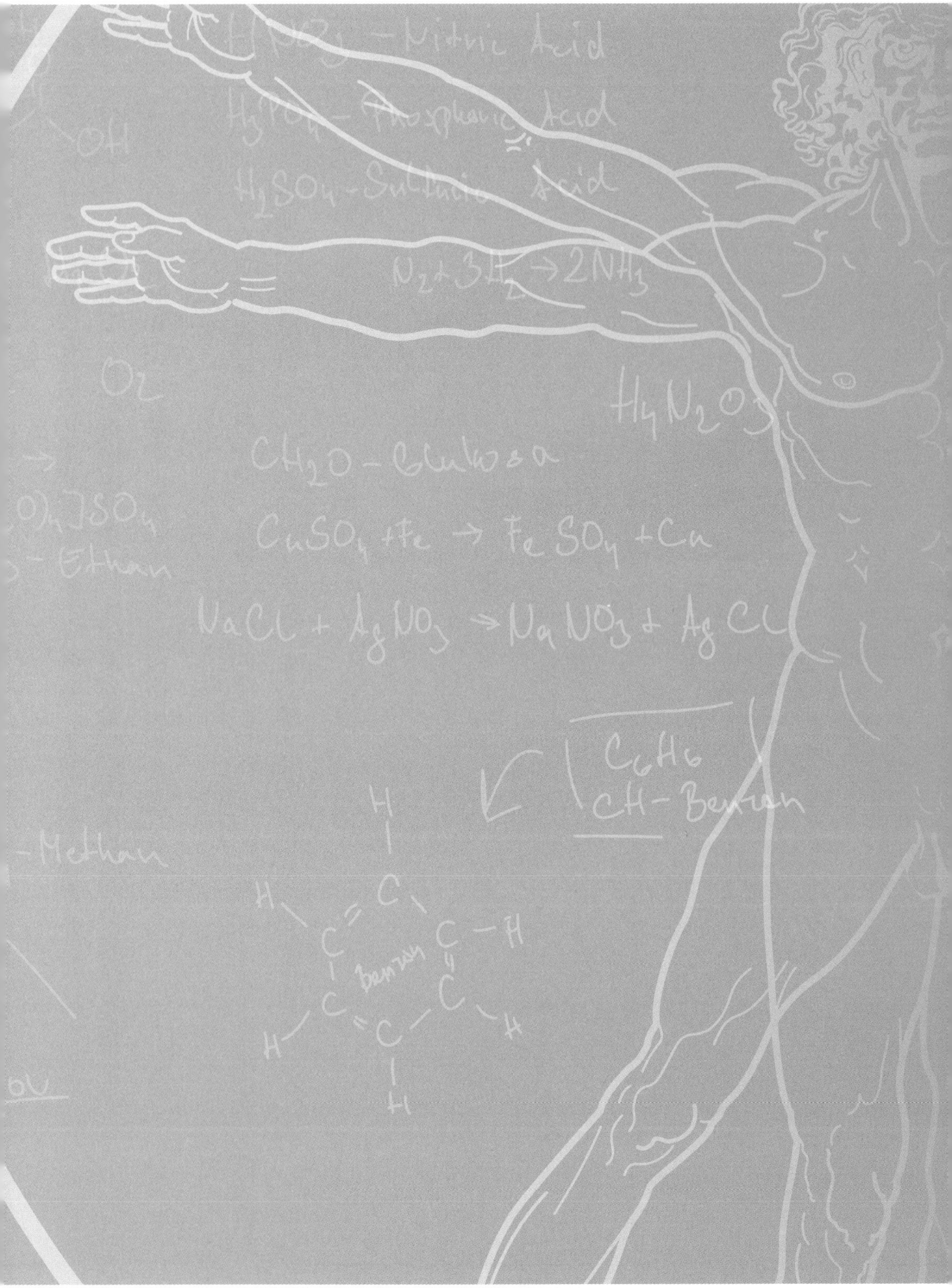
HNO3 - Nitric Acid
H3PO4 - Phosphoric Acid
H2SO4 - Sulfuric Acid
-OH
N2+3H2 → 2NH3
O2
H4N2O3
CH2O - Glukosa
CuSO4 + Fe → FeSO4 + Cu
- Ethan
NaCl + AgNO3 → NaNO3 + AgCl
C6H6
CH - Benzen
-Methan
Benzen

Chapter 17

釩

天然的避孕藥

多年以前，人們發現用釩的化合物可以治療結核病、貧血、梅毒、風濕熱等病，並且效果不錯。可是，當時人們並不知道釩是人體必須微量元素。直到20世紀70年代，釩對人體的必要性才被確認。

釩，與其他必須微量元素一樣，參與人體多種生理功能。它是脂肪和膽固醇代謝的助手；是造血功能的促進者；對心血管和腎臟產生維護作用，是心肌運動的保護者；它還參與骨骼和牙齒發育；並且具有胰島素的功能，在醣類代謝中功不可沒。所以，釩是人體正常活動中能量的提供者、發育的必須品。

釩與人體的健康密不可分，正常成年人體內含釩約25mg，大多數集中在骨骼和牙齒中，血液中含量甚微。當釩缺乏之時，身體會出現多種不適，甚至引發疾病。

①釩的類胰島素作用，使得它在醣代謝中功能顯著。一旦缺乏，身體醣代謝紊亂，就會出現醣尿病症狀。而胰島素依賴性醣尿病人，在補充釩以後，病情會得到控制。

②牙齒的琺瑯質和牙本質都是羥磷灰石，釩可以置換到羥磷灰石中，當它缺乏之時，牙齒琺瑯質容易遭到破壞，產生齲齒。

③釩參與造血功能，缺乏之時會阻礙血紅蛋白合成，人體容易貧血。

④釩在脂肪代謝中的作用，讓它可以促進脂質代謝，抑制膽固醇合成，防止動脈硬化發生。所以，釩缺乏之時膽固醇容易堆積，人體就會患得動脈硬化等心血管疾病。

⑤釩是人體發育的必須元素，含量不足時會讓生長遲緩，還會影響生殖能力。從這一點來講，釩可謂天然避孕藥，它在體內的含量高低，直接影響繁育後代的能力。

釩的這種作用是透過它對能量的調節發揮作用的。人體內的鈉、鉀是維持體液平衡的關鍵物質，它們受到一種酶的控制。這種酶能否正常發揮作用，釩有著一定的影響。

相關資訊

1977年，一種人工製備的高能量分子ATP開始大量應用到臨床中。ATP是腺苷三磷酸的縮寫，人體的每個細胞裡都有。營養學家注意到這一現象，並著手研究人工合成的ATP，結果發現這種物質可以作用於神經系統，並擾亂人體體液平衡。在這一過程中，釩有著一定的作用。

測一測：你有這樣的行為嗎？

你是不是喜歡抽菸，而且菸癮很重？

你是不是在熱環境下很容易感到疲勞、比他人更易中暑？

妳是不是很不幸，懷孕後很易流產？

你是不是發育遲緩、傷口不易癒合，還有齲齒，去醫院檢查卻找不出原因？

你是不是貧血，可是大量補鐵、補維生素B_{12}、補鉬，效果卻不佳？

還有，你如果是位胰島素依賴型糖尿病病人，或者是位結核病人，或者患了風濕熱……

這時，我們不得不提醒你，補充釩吧！它會改善你的種種不適，讓你勇敢地與疾病對抗，變得更健康，更有力。

釩的來源

釩對人體的意義重大，並越來越受到人們關注，這時有人不免要問：「釩來自哪裡？它是種什麼樣的礦物質？」

說起釩的由來，還有一段動人的傳說。久遠之前，美麗的女神凡娜迪絲住在遙遠的北方。世人聞知她的美麗，不少人產生前去求愛的衝動。一天，有位遠方的來客敲響了女神的房門。

女神悠然地坐在椅裡，聽著敲門聲響過幾次，不由得動心了：來客如果再敲一下，我就為他打開門。

可是，敲門聲就此打住，那人缺乏自信，放棄了敲門，轉身走了。女神有些掃興，從窗子往外觀望，正好看到有位叫沃勒的人走出院門。

又過了幾天，敲門聲再次響起。這次，敲門的人鍥而不捨，一直到女神打開房門。女神看到門口站著位英俊的年輕男子，他叫塞弗斯托姆。他們一見傾心，墜入情網，並生下了兒子——釩。

這則奇妙傳說講述了釩的發現過程。早在1801年，墨西哥礦物學家里瓦就發現了釩，後來沃勒也發現了這種物質。可惜的是，他們並沒有單獨提純釩，而認為它是被污染的

「鉻」，因此錯過了發現新元素的機會。1830年，塞弗斯托姆透過堅持不懈地努力，終於從鐵礦石中提煉出了釩。

表面看來，釩與鐵差不多，都是穿著一身灰衣服。可是釩合成的鹽類太漂亮了，簡直是異彩紛呈，耀眼奪目。二價釩鹽是紫色的、三價釩鹽是綠色的、四價釩鹽是淺藍色的，而五氧化二釩又是紅色的……綠色如翡翠、紅色如寶石，五光十色的釩讓人目不暇給，被大量應用在顏料、玻璃等工業中。正是這一原因，塞弗斯托姆為自己發現的這種新元素，以美麗女神凡娜迪絲女神（Vanadis）的名字命名為「釩」。

對人體來講，釩的四價和五價態具有生物學意義。四價態釩、五價態釩都是氧釩基陽離子，可以與蛋白質結合形成複合物，防止被氧化。在自然界中，這兩種狀態的釩主要來自於以下食物：

- 日常食用的各種蔬菜，是釩的豐富來源，其中蘑菇、萵苣、黃瓜、番茄、韭菜、豌豆，含釩量更為顯著。
- 海參、海膽等海洋動、植物體內，蘊含著豐富的釩。目前為止，人們普遍認為海參是含釩最多的食物。
- 各種堅果，如花生、松子、板栗，以及豆類，也是含釩較多的食物。其中花生油、豆油，釩含量超過40mg/kg，會提供較多釩。

與以上食物相比，肉類、蛋類等高蛋白食物，以及水果中釩含量較少。所以如果平日飲食以此為主的話，就要考慮釩是否缺乏的問題了。

還有一點需要告訴大家的是，與多數微量元素不同，釩除了透過食物攝取外，由呼吸、皮膚進入體內的量也值得關注。而且這些釩對人體不利，是導致釩中毒的主要因素。

缺乏釩易流產

儘管釩來源頗豐，但是人體攝取的釩吸收率較低，不到5%，其餘大部分由糞便排出，而且經過代謝後的釩80～90%由尿液排出，膽汁也會排泄一部分，這樣一來，人體需要每天不斷地攝取釩才能維持所需求的量。一般來講，成人每天攝取0.1～0.3mg，兒童每天攝取30～60μg釩，就能滿足需要。

當每天攝取的釩達不到上述要求時，人體容易出現釩缺乏的情況，這種情況往往發生在以下人群身上：

①長期吸菸者。吸菸會阻礙釩的吸收，是導致釩缺乏的重要原因之一。

②嚴重嘔吐、腹瀉，導致人體無法攝取含釩的食物，而且釩大量流失，體內含量自然降低。

③各種疾病也是導致釩不足的因素。胰島素依賴性的糖尿病人、結核病人、貧血病人，

體內釩明顯低於常人。

釩缺乏，除了引起生長障礙、心血管疾病外，最受人關注的是導致流產。這對準媽媽們來說，無疑是最重要的資訊。

相關資訊

1987年，科學家在山羊和大鼠試驗中發現，當母體內釩缺乏時，流產率顯著增高、產奶率隨之下降。

為了預防流產，準媽媽必須高度關注釩，想辦法維持體內正常含量，這就需要做到：

● 杜絕吸菸。吸菸不僅會阻礙釩吸收，還因為其中含有的有毒物質，嚴重危害到寶寶安全，是孕婦大忌。

● 選擇富含釩、適合孕期的食物。海參是準媽媽比較好的選擇。海參來自大海深處，富含利於人體的釩。而且海參是高蛋白、低脂肪食物，其中富含的ＤＨＡ，特別利於胎兒大腦發育，對預防流產很有益處。

【準媽媽的補釩食譜】豬肘子海參湯材料：豬肘子、海參適量。

製法：將豬肘子燉湯，然後放入海參，煮熟後勾芡，可成美味的菜餚。

功效：富含蛋白質、膠質，還補充了釩，葷素搭配，營養均衡。

●如果是患有貧血、糖尿病、結核等疾病的孕婦，需要補充含釩的藥物。懷孕時，如果不幸患有上述疾病，在進食富釩食物時，還要結合藥物治療。服用藥物時需要在醫生指導下，還要特別注意用量，防止累積中毒發生。

對喜歡清淡的孕婦來說，下面這道食譜也許會更有用：

【準媽媽的補釩食譜】蓮子糯米粥

材料：50g蓮子、150g糯米。

製法：將蓮子煮爛，搗成泥；然後將糯米洗淨、煮熟，放入蓮子泥；用文火煮，至米爛粥稠。

功效：糯米具有合胃滋陰的功效，100g含有8.51μg釩；蓮子具有健脾作用，100g含釩高達178.21μg，多次食用可以發揮利濕升清、健脾養胃的效果，對補釩健身、防止流產很有益處。

釩與動物營養

瞭解釩，還要進一步探究它與動物之間的關係。實際上，人們最早是從魚粉、骨粉、肉屑中發現，釩存在於生物體內的。不僅如此，當時人們還認為釩是種有毒元素。

相關資訊

1975年，有人從馬的骨骼肌中分離出了Na－K－ATP酶的抑制物，結果證實此抑制物就是釩酸鹽，從此，人們發覺釩是人和動物的必須微量元素。

從以下的例子中我們可以認識釩：動物體內的血液有不同顏色，如紅色、藍色、綠色，為什麼會這樣呢？原因就是血液中含有不同金屬離子，當含有鐵離子時，血液呈紅色；含有銅離子時，血液就為藍色，因為硫酸銅是天藍色的；而含有三價釩離子時，大家注意了，這時的血液呈現綠色。

在自然界中，一般高級動物的血液是紅色的，而低等動物血液為藍色，處於中間的那些動物血液多是綠色的。

不管釩存在哪種動物血液中，對人類關係密切的禽畜來說，們依然需求釩，而且釩需求量遠遠高於人類。牠們會透過食物、呼吸、皮膚吸收大量釩，並主要由糞便、尿液將釩排泄體外。當釩缺乏時，會明顯地影響牠們的生理活動。比如雞缺乏釩時，會出現生長抑制、體重減輕、產蛋減少，嚴重時還會死亡；山羊缺乏釩時，也會出現類似情況，容易流產、產奶量下降等等。

釩在禽畜體內不易存留，含量很低，而且主要存在脾、胰、前列腺、肺等內臟器官中，正是這一原因，人類要想從這些動物身上獲取釩，難度很大。

相對來說，雞是含釩量較高的動物，多吃雞肉、雞蛋，對於補充釩有益。

嚴防釩在體內累積

不管是人類還是禽畜，透過呼吸和皮膚獲得的釩，數量都很可觀。這些釩與食物中的釩不同，它們會隨著身體年齡增長，在體內逐漸累積，這種成正比的發展趨勢，很容易引起釩累積中毒。

相關資訊

美國科學研究人員發現，鯨肝臟內的釩濃度已經從過去的0.1ug/g達到了1ug/g，非常驚人。

而對鼠的實驗則顯示，0.25 mg/L釩時鼠會中毒，6 mg/L釩時鼠立即斃命。

累積的釩對身體具有中、高度毒性，會損害呼吸、神經、消化、造血等各個系統，刺激眼睛、鼻、喉嚨、呼吸道，引起咳嗽、氣喘；還出現噁心、嘔吐、腹瀉等消化道症狀；過多的釩可與鈣產生競爭，導致鈣呈游離狀態，發生脫鈣現象；另外，釩能引發全身中毒，時間久了，身體體重下降，食慾減退，生殖能力下降，抵抗力減弱，引發癌症、肺水腫、腎中毒，直至死亡。

釩的危害性提醒我們，必須控制大氣污染，降低釩在空氣中的含量。

①釩生產研究場所內，加強勞動保護措施，防止釩擴散到空氣中。

②密切接觸釩的科學研究人員、工人，可以服用大劑量維生素C、二胺四乙酸，這兩種物質可以加速釩排泄，發揮防治療效。

在生活中，除了空氣污染外，長期服用釩藥物也會累積中毒，出現損害肝臟、抑制正常新陳代謝的後果。所以，必須嚴密觀察服用情況。

當然，如果膳食中每天攝取的釩超過10mg，後者每克食物中含釩10μg以上時，也會出現中毒，照樣引起生長遲緩、腹瀉和進食減少等情況。這種情況幾乎不可能發生，除非食用了注射超量釩針劑、還沒來得及排泄的動物，或者因釩中毒死亡的動植物。因此人們在膳食中也要有所防備，要善於識別這類動、植物，不要被它們所害。

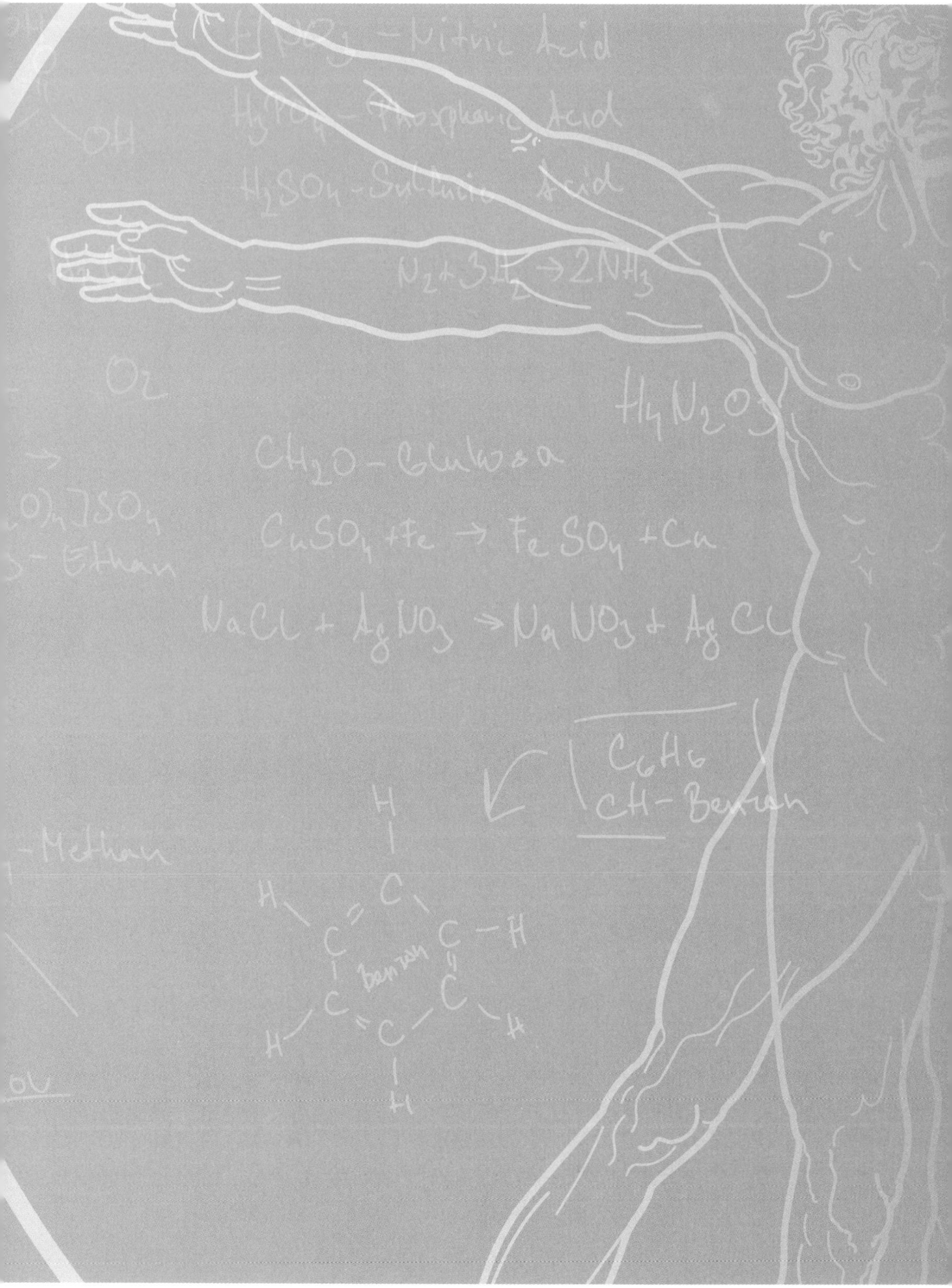

- Nitric Acid
Phosphoric Acid
H2SO4 - Sulfuric Acid
N2 + 3H2 → 2NH3
O2
H4N2O3
CuSO4 + Fe → Fe SO4 + Cu
NaCl + AgNO3 → NaNO3 + AgCl
C6H6
CH - Benzen
- Methan
Benzen

Chapter 18

氟

牙齒的保護傘、骨骼組織代謝的參與者

氟，對大多數人來說早已不再陌生，它被認為是牙齒的保護傘，防治齲齒的先鋒。那麼，氟是種什麼物質？在人體內是如何發揮作用的呢？

氟是非金屬元素，在自然環境下以氣態存在。這種氣體是淺黃色的、可燃性強、刺激性大，具有毒性，是非金屬中最活潑的元素，也是已知最強的氧化劑之一。超強的氧化能力讓氟可以與大多數物質，如水、氨等發生反應，形成氟化物。在自然界中，氟含量不多，而且濃度變化很大，分散在土壤、水、動植物體內。

近百年來，人們一直關注著氟與人體健康的關係，1970年，美國FNB確定氟為人體必須元素。做為必須元素，氟在成人體內含量約2.9g，僅次於鐵和矽，比鋅還要多。這些氟參與人體組織構成，以及正常生理活動，發揮著重要作用。

①氟參與牙齒、骨骼的構成。首先，氟是牙齒的構成成分；其次氟可以吸附在琺瑯質中的羥磷灰石上，在牙齒表面形成一層堅硬的氟磷灰石，抵抗酸性腐蝕，進而預防齲齒發生。

而且，人體骨骼中60％是骨鹽，氟能與骨鹽中的離子進行交換，同樣形成氟磷灰石，使得骨骼堅硬、密實；同時，氟有利於骨骼中鈣、磷的利用和沉積，對於促進骨骼發育很有幫助。

②氟對全身各系統都有影響。氟不僅位於骨骼和牙齒上，還透過血漿分布到全身各處，其中可以促進胃腸對鐵的吸收，有著幫助造血的能力；還可以調節膽固醇含量，對預

防動脈硬化有好處；還有助於神經系統正常工作，不亞於神經興奮性的熱線。

人體內的氟，主要透過飲食攝取。對正常成人來說，每天攝取1.5mg氟，才會滿足身體需求。這些氟來自於飲用水、食物，在胃部吸收率很高，進入血液後分布到全身，其中一部分經過腎臟代謝排出體外；另一部分與鈣化的組織形成複合物，發揮作用；還有一部分會分布到軟組織中。

當攝取的氟不足時，就會出現齲齒、骨質疏鬆等問題。可是氟在體內的含量較為敏感，需求值與中毒值之間的範圍較窄。這一特點決定人體攝取氟時需要格外留心。

測一測：你有這樣的行為嗎？

你是否喜歡甜食、愛喝碳酸飲料？

你是否用鋁質器皿做飯、盛放食物？

你是否長期飲用純淨水？

你是否從不喝茶？

你是否從不使用含氟牙膏刷牙？

你是否為了增強寶寶體質，給他大量補充鈣、鎂？

如果你有這樣的行為，而又恰恰生活在氟含量很低的地區，那麼體內的氟肯定不夠用，或者寶寶的身體正在出現牙齦萎縮、牙齒暴露、疼痛等症狀，齲齒隨時都有可能發生；而且容易腰痠腿痛、骨質疏鬆，似乎一不小心就會骨折。

與之相對應的是，有些人長期大量使用含氟牙膏；為了防治寶寶齲齒，讓剛會走路的寶寶就開始刷牙；喜歡喝粗茶……讓他們大感困惑的是，這樣做的結果是體內氟過量，人變得食慾不振、有氣無力，牙齒變黑。到醫院去檢查，醫生很嚴肅地警告說：「再這樣下去，會得氟斑牙、氟骨症，甚至有生命危險！」

缺氟會引起齲齒

與多數礦物質不同的是，氟的來源主要是水。一般情況下，人體每天從水中攝取的氟佔據65%，而從食物中攝取的氟僅為5.35%。而且，水中的氟更易吸收，達到95%，而食物中的氟吸收率只有20%。

所以，生活地區不同往往成為氟缺乏與否的關鍵。當生活的地區水中含氟量低時，人體無法獲取足夠的氟，這時最明顯的表現就是出現齲齒，會有牙齦萎縮、牙根暴露、牙齒斷裂等症狀，既讓牙齒疼痛難忍，又影響外觀。

相關資訊

齲齒發病率向來很高，人們發現，不僅兒童易發齲齒，就連成年人也是高發人群。難怪世界衛生組織已經做出決定：齲齒是僅次於心血管疾病、腫瘤的第三種重要疾病。

缺氟導致齲齒的原因有二：一是氟參與構成的氟磷灰石，比羥磷灰石更堅硬、耐酸性更強，附著在牙齒表面，可以很好地保護牙齒，更有利於咀嚼食物，對抗酸腐蝕。二是氟具有抑制食物殘渣變酸的過程。我們知道，食物在口腔中會留下很多殘渣，這些殘渣在細菌作用下形成乳酸、葡萄糖酸，可以使鈣溶出形成溶洞，出現齲齒。氟的作用會阻止這一進程，也就達到防齲的目的。

在日常生活中，為了預防齲齒，人們常常透過在水中添加氟的方法，增加氟的攝取量。據調查，世界上30多個國家和地區透過加氟飲水來預防齲齒，取得明顯效果。

在飲水中加氟，成本低、效果好，不失為預防齲齒的第一選擇。除此之外，預防齲齒還有很多好方法。

①使用含氟牙膏。選擇含氟牙膏，要注意氟化物的成分，比如氟化鈉中只有氟具有防齲能力；而氟化鋰中，除了氟之外，鋰也是防齲的物質之一。顯然後者的效果會更好一些。研究證實，長期使用含氟量0.1%的牙膏，齲齒發病率會降低10～15%。

②出現齲齒時，在局部塗氟、服用氟片，氟溶液漱口。牙齒琺瑯質在遭到侵蝕早期，氟具有修補功效。所以一般兒童三歲左右開始要求用含氟牙膏刷牙，並且配合飯後漱口，6個月到1年去醫院檢查一次，發現齲齒時即時填補。

③改善膳食，補充含氟較多的食物、飲品，是最安全的途徑。

● 氟幾乎存在所有食物中，只是含量差別很大。對人體來講，含氟較高又易吸收的食物主要有：魚、貝類、烏賊等。

相較而言，動物性食物氟含量高於植物性食物；海洋生物的氟含量高於陸地和淡水生物。

●各種飲品，如葡萄酒、茶葉中含氟較多，是補充氟的良好來源。

●少吃甜食、少喝碳酸飲料。甜食中的糖含量很高，會在細菌作用下發酵產酸，腐蝕牙齒；碳酸飲料不僅含糖高，其中的碳酸本身具有較強的酸度，會嚴重腐蝕牙齒，削弱口腔的酸鹼平衡，讓牙齒處於酸性環境中。這對兒童來說，危害極大，因為他們的琺瑯質和牙本質鈣化較低，相對薄弱，更容易引起齲齒。

●不要盲目補充鈣、鎂。爸爸媽媽看到孩子牙齒蛀了，總以為補充鈣、鎂會有幫助，其實不然，鈣鎂過多地攝取會嚴重影響氟的吸收，對預防齲齒有弊無利。

●盡量不使用鋁器，減少鋁攝取。鋁會阻礙氟吸收，因此不要使用鋁器做飯、盛放食物。

總之，預防齲齒離不開氟，然而各式各樣補充氟的途徑，在給人體帶來氟的同時，也經常不知不覺帶來很多麻煩。這就是氟過量的問題。

人體對飲食中氟的含量最為敏感

人體對氟較為敏感，是因為人體對氟的需求量與中毒量之間的範圍較窄。對健康成人來說，每天攝取1.5mg氟才能滿足需求，但是達到3.0mg時，就到了最高可承受量，會誘發慢性中毒。

氟的敏感性提醒人們，在攝取氟時一定要注意劑量。在現實生活中，氟的攝取量早就引起人們關注，特別是飲用水中加氟，一直備受爭議。

相關資訊

在印度，有科學研究人員曾經提出，氟含量過高的水對人體不利，他們更容易患心臟病。

確實，片面強調在水中加氟，而忽視食物和空氣中的氟，常常造成氟攝取過量的情況。

為了防止氟過高，針對各種氟來源要做出了相對策略：

①嚴格水中加氟的標準。在水中加氟的國家地區，為了更好地控制氟攝取量，做出了嚴格標準。如日本規定每公升水中加氟0.8mg，美國規定每升水中加氟0.8～1.7mg。

②選用含氟牙膏時，需要結合當地飲水中的含氟量；生活在高氟地區的人，不得選用含氟牙膏。對於牙膏含氟量，需要做出明確說明，兒童牙膏含氟量為500～600mg/kg，成人的為1100mg/kg。在選擇牙膏時，應該根據情況購買。

兒童3歲以前不得使用含氟牙膏，因為他們吞嚥功能發育不全，會吞服含氟膏體，造成過量。

使用含氟牙膏時，每天刷牙2次即可，刷完後盡量沖洗乾淨牙縫中的殘留牙膏，以防累積中毒。

相對來說，透過食物攝取氟最安全，也最值得提倡。因為食物中含氟量都低於1mg/L，不會引起體內過高的現象。這些食物中，特別引人注意的是茶葉。茶葉做為中老年人喜愛的飲品，在補充氟方面具有獨樹一幟的功效。

茶葉中的氟

氟，是牙齒的保護傘，也是骨骼的好朋友；當體內氟不足時，骨骼中的鈣磷代謝障礙，生長發育受阻，骨質會變得疏鬆、脆弱。特別是老年人，很容易發生骨質疏鬆症。

茶葉富含氟，而且經過水浸泡後，更易於人體吸收，是提供氟的最佳途徑。在中國用茶葉防齲的歷史由來已久，宋朝大文學家蘇軾就是用茶水漱口、飲茶防齲的實驗者，他曾經將自己的實驗過程記錄在《東坡集》中。

茶葉的含氟量受到土質影響，據測試，中國涪陵紅茶含氟量最高；其次是浙江天臺魚茶。測試還發現，同一品種的茶葉，粗茶含氟量比嫩茶高；綠茶防齲能力更強。這些測試結果告訴我們，要想透過飲茶攝取氟，需要做好以下幾點：

①多喝綠茶。綠茶中的茶多酚含量較高，它可以清除自由基，還具有一定抗菌性，能夠抑制致齲的變形鏈球菌。試驗顯示，用0.2%的茶多酚溶液漱口、刷牙，就能抑制菌斑

形成。

而且，綠茶不含咖啡因，在牙齒表面的色素沉澱較輕，這些都利於人體健康。

②浸泡時間要長。茶葉沖泡50分鐘後，氟才會全部溶出，更利於防齲。所以茶葉不要即沖即喝，要等一段時間慢慢細品，在嘴裡停留一會兒，讓氟與牙齒充分接觸。

③要掌握好濃度和劑量。茶葉中的兒茶素濃度為0.2～1％時，可以減少牙菌斑形成數量。達到這一濃度，需要控制好茶葉與水之間的比例。

4g綠茶，加水沖泡成0.5％的茶水；停留50分鐘後，飲用、漱口，都會產生安全的防齲、防骨質疏鬆效果。

儘管茶葉是非常值得推崇的攝取氟的途徑，然而由於氟的敏感性，飲茶不當照樣會引起體內氟過量。這又是怎麼回事呢？

原來，這與飲茶習慣有關。茶葉中的含氟量，會隨著葉齡增長而升高，這樣一來，粗茶就比春季採摘的嫩茶含氟高。生活中見到的磚茶、邊茶，是用老茶葉和茶梗製成的，含氟量是一般茶葉的100～200倍。這種茶葉在水中沖泡後，氟迅速溶出，極易被人體吸收。

習慣以這類茶為主的話，所攝取的氟遠遠超出正常水準，久而久之，就導致了慢性氟中毒。因此建議人們不要飲用老茶，更不要以此為主要飲品；不過用這種茶水漱口，倒是防齲的好辦法。

高氟與人體的兩面性

人體對氟十分敏感，一旦氟含量過高，就會產生危害深遠的中毒現象。在生活中，常見到的氟中毒有兩種：急性和慢性。

氟，本是一種原生質的毒物，當人置身於高氟環境，吸入大量氟時會引起急性中毒。急性中毒不多見。與急性中毒相比，更常見、危害更大的是慢性氟中毒。

①生活在氟含量較高的地區。地區性氟中毒是最常見的，在高氟地區生活的人，長期大量從水、食物中攝取氟，氟在體內累積幾年甚至幾十年後，慢慢出現中毒症狀。

②污染性氟中毒。有些地區的人喜歡燒土煤灶，由於沒有煙囪排煙，煙中含量很高的氟透過呼吸進入人體；同時，煙氣會燻到屋內的食物上，如玉米、辣椒，它們具有很強的吸附氟的能力，會大大提高氟含量，當人吃了這些食物後，體內氟進一步增加。當這種習慣得不到改善時，氟中毒早晚會發生。

還有，現代人大多使用冰箱，如果選擇了氟氯碳（CFC）冷媒製冷冰箱，氟洩漏到空氣中，在紫外線照射下會發生化學反應，破壞臭氧層，危害環境衛生，危及人類健康。

過量的氟進入體內後，可以破壞細胞壁，進而干涉多種酶的活性，刺激鈣沉積，產生血管鈣化等病變。

●氟中毒最主要的表現是兒童出現氟斑牙。過多的氟干擾鈣化酶活性，影響牙齒鈣化，使得色素沉澱在牙齒琺瑯質上，形成氟斑牙。氟斑牙在有些國家又被稱為「火山病」，說起這一稱呼，還有段由來。20世紀初，人們發現生活在火山附近的人群，牙齒特別容易形成氟斑，於是就以當地火山為之命名。

●氟中毒的另一損害是氟骨症。氟與骨質中的羥基磷灰石晶體結合非常緊密，形成沉積後難以游離。而且過量的氟可與鈣結合，沉積在骨組織中，進而讓骨表面出現粗糙、骨質變得疏鬆或者密度增大，導致骨骼變形，氟骨症由此引發。

氟骨症對人體危害很大，發病者初期會有食慾不振、全身無力的症狀，有些人還伴隨著皮膚瘙癢、性能力下降；隨著中毒日深，患者骨骼開始變形，影響正常勞動；到了後期，病人的大關節變得僵硬、屈曲、無法伸展，疼痛更加厲害，而且肌肉也萎縮，病人無法直立或者下蹲，一副弓背彎腰模樣，根本不能自理，只好蜷縮床上度日。

與氟骨症相對應的是，過量的氟影響鈣磷代謝時，病人的骨質疏鬆，容易發生骨折。

●氟中毒，常常損害到神經系統。在發生氟斑牙、氟骨症患者中，約有10％的人伴隨著神經系統疾患，如抽搐、驚厥、頸椎病、脊柱腫瘤等。脊髓在壓迫之下，會導致四肢麻木、下肢無力，嚴重時還會引起壓迫性截癱、大小便失禁、運動障礙，後果十分可怕。

除了上述症狀外，氟中毒有時還會危及甲狀腺、心、肝、腎等臟器，出現甲狀腺腫大、心肝功能發生異、腎或者尿路結石、尿蛋白、抵抗力下降。

預防氟中毒，最好的辦法就是阻截氟的攝取途徑。降低飲水中的氟含量，是最重要的選擇。

相關資訊

有位22歲的年輕女性，患了氟骨症，癱瘓在床3年。在專家指導下，她改喝低氟水，獲得明顯療效，生活逐漸可以自理。

需要指出的是，氟中毒是累積而成，要想透過飲水緩解症狀也要有耐心，一般需要5～10年時間才有效果。

另外，改變生活習慣，使用無氟冰箱，不用土煤灶，淨化生活空間，避免吸入過量氟，也是防止中毒的必要方法。

無氟冰箱大多採用R—134a做製冷劑，其製作工藝、材料與一般冰箱不同，使用時需要注意留出足夠的散熱空間、修理時要由專人負責，不可與一般冰箱等同對待。

在上述兩種措施基礎上，針對出現氟斑牙、氟骨症的病人採取牙齒「美容」、藥物排氟，是近年來逐漸提倡、流行的療法，效果突出而快速，很受歡迎。

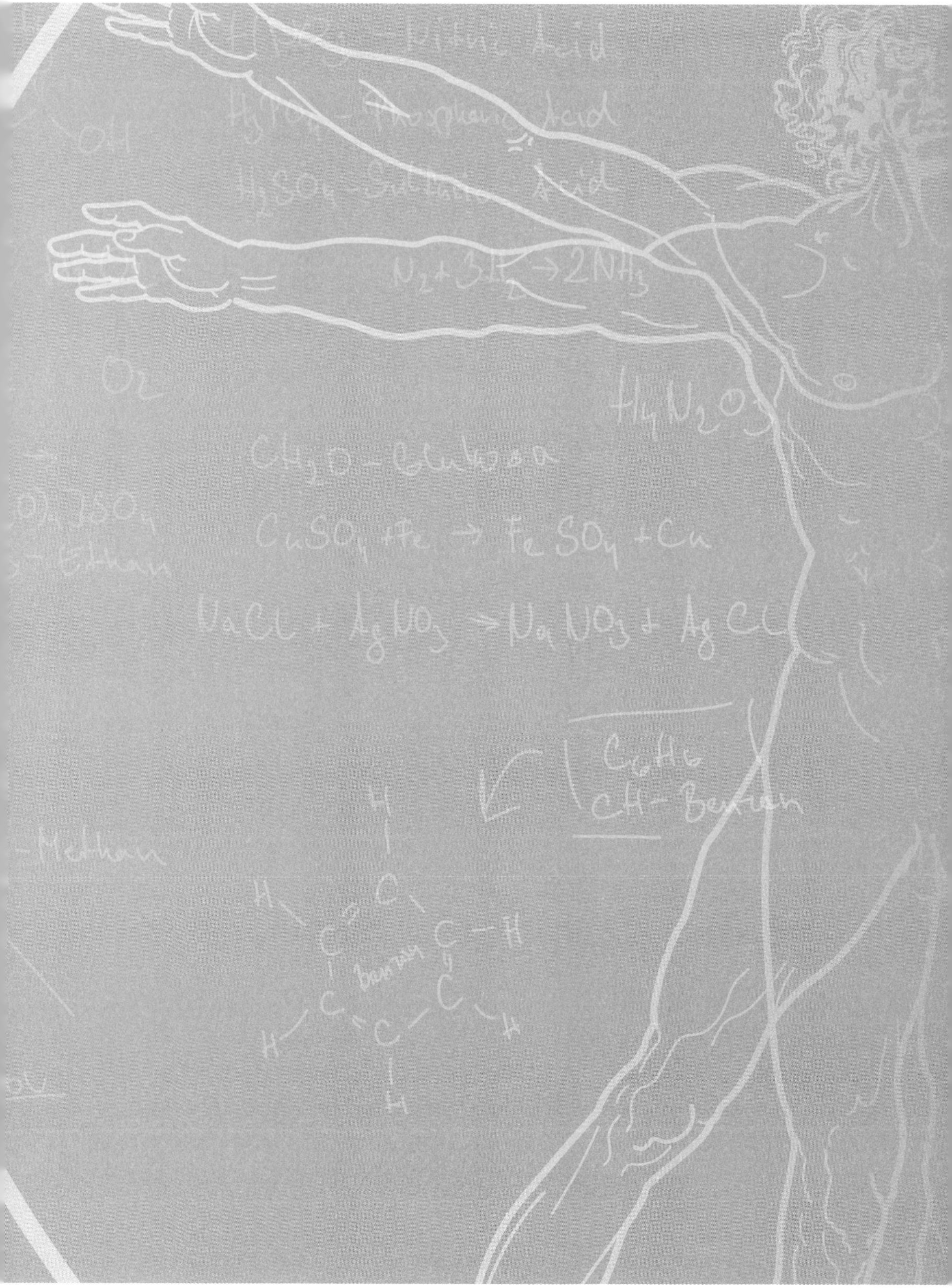
N2+3H2 → 2NH3
O2
H4N2O3
CH2O - Glukosa
CuSO4 + Fe → Fe SO4 + Cu
NaCl + AgNO3 → NaNO3 + AgCl
C6H6
CH - Benzen
- Methan
- Ethan

Chapter 19

鎳

身體內酶的啟動源

1973年，有人首次提出鎳是人體必須微量元素，進而掀開了鎳的營養與代謝研究的新篇章。

鎳在人體內含量甚微，一個成年人約有6～19mg鎳，這些鎳分布在全身各處，其中肺含量最高，約佔38%，大腦含量其次，約佔16.7%；其餘的鎳依次分布在骨骼、腸道、皮膚、腎、脾、心臟中。

鎳與體內的鐵、鉻有著類似作用，它們之間既有共同作用，也彼此制約。在體內，鎳的主要作用是啟動各種酶，參與人體新陳代謝。

①鎳與鉻相似，能夠啟動胰島素，促進醣代謝。所以，當人體內缺少鎳時，會出現與缺鉻類似的症狀，胰島素活性降低，醣利用障礙，糖尿病發生；同時，血糖代謝紊亂，會使脂肪和類脂質沉積在血管壁，進而導致心血管粥樣硬化。

②鎳與鐵也有類似性，這主要在造血功能上。一方面鎳可以促進人體吸收和利用鐵元素；一方面鎳又是血纖維蛋白溶酶的成分，直接刺激生血機能，促進紅血球再生；另外，鎳還有鈷的生理活性，與鈷治療貧血近似。

相關資訊

有人試驗發現，當為供血者每天提供5mg鎳鹽時，他體內血紅蛋白的合成、紅血球再生均呈現明顯加速態勢。

③鎳還參與啟動多種酶，是蛋白質和核酸代謝不可缺少的物質；對於細胞膜構成、DNA

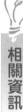

和RNA合成、人體免疫力，均有影響。

總之，鎳在體內含量雖然不多，但對健康的作用不可忽視，人體內鎳缺乏會引起糖尿病、貧血、心血管疾病、肝硬化、腎衰竭等多種疾患。

測一測：你有這樣的行為嗎？

如果你是個嗜菸者，每天吸兩包菸以上。

如果你嗜好鹹魚、鹹肉及各類鹹菜。

如果你喜歡佩戴鎳合金首飾。

如果你很少吃蔬菜、水果。

如果你鑲嵌了鎳鉻合金烤瓷牙。

那麼有必要提醒你一句：注意體內鎳是否過量！你的上述行為很容易導致體內鎳過量，進而為健康埋下隱患，你的皮膚可能出現過敏、紅腫、瘙癢、起水泡；你的呼吸可能受阻、呼吸困難、氣管發炎，嚴重時還有癌變可能；你的心肌缺氧、大腦遲鈍，彷彿中毒一般……

那麼，人體究竟需要多少鎳才算合適？怎麼樣維持鎳不過量呢？

在食物中攝取鎳

與多數微量元素一樣，人體內的鎳主要來自食物。金屬鎳在自然界分布廣泛，食物中含量豐富，尤其是植物性食物，鎳含量高於動物性食物。

- 茶葉、堅果、穀類和海帶，是鎳的豐富來源。其中巧克力、果仁是目前普遍認為含鎳最多的常見食物。
- 蔬菜中的鎳含量也很高，如南瓜、絲瓜、蘑菇、大蔥、黃瓜、茄子、竹筍，還有豌豆、扁豆等，都是含鎳較多的食物。
- 動物性食物中的禽類、畜類、海產品，鎳含量相對較多，如雞肉、牛肉，魚蝦、扇貝等。
- 油類幾乎不含鎳，唯一的例外是奶油，其中含有一定量的鎳。食物中的鎳進入人體後，吸收率很低，大約只有3～10％，代謝後一半以上由尿排出，還有一部分由汗液排泄，剩餘的則隨著糞便排泄。由於吸收差，人體需要每天不斷地攝取鎳，一般來說，成人每天攝取量維持20～30μg，就會滿足身體需要。

除了吸收差外，影響鎳含量的還有一些生活習慣。這主要包括以下幾方面因素：

①過多維生素C會阻礙鎳吸收。飲用橘子汁、口服維生素C，都會使鎳吸收率下降。

②咖啡、茶中的茶鹼會影響鎳吸收，所以茶葉雖然是富鎳食品，可是透過喝茶補鎳，一般效果並不好。

③奶也有阻礙鎳吸收的作用。鎳缺乏會給身體帶來麻煩，不利於貧血治療，還能誘發糖尿病，甚至影響身體發育，降低生殖能力。因此，要想防止鎳缺乏，就要從以上幾方面留意，採取混合膳食，適當增加植物性食物，不以肉類為主，都是預防鎳不足的方法。

糖尿病和心血管疾病患者，適當增加含鎳豐富的食物，會對疾病康復大有幫助。

【糖尿病患者的補鎳食譜】南瓜餅

材料：南瓜適量。

製法：將南瓜去皮洗淨，切塊蒸熟，然後搗成泥，製成小餅，在油鍋中煎，至兩面金黃即可。

功效：南瓜富含鉻和鎳，不愧為糖尿病的良藥；同時，南瓜含有大量纖維質，可以延緩糖分在腸道內吸收，防止血糖急遽上升。

貧血病人在補鐵補鉻的同時，進食含鎳豐富的食物效果更好。各種堅果、禽畜肉，是既含鐵，又含鎳的食物，進補它們無疑會一舉兩得。比如吃花生米、蓮子、松子，都會對貧血有益。

【貧血患者的補鎳食譜】栗子雞

材料：雞肉、栗子適量。

製法：將老母雞剁塊，爆炒後，加入清湯調色調味，放入板栗燒製，至栗子熟了、雞肉離骨，即成。

功效：栗子是乾果之王，含鐵、鎳都很豐富，雞肉的營養更為全面，一起食用對於貧血、渾身無力、腎虧很有裨益。

流行病學調查

鎳做為生活中常接觸到的金屬，其合金與人關係密切，對人體健康有很大的影響。這一點已經為眾多流行病學所關注，下面就從流行病學的調查出發，看看金屬鎳對人體的作用。

①生活中接觸的鎳合金是高致敏性金屬。鎳合金被廣泛用於製作金屬飾物，如鈕釦、耳環等，這類物品與人體接觸密切，常常直接刺激皮膚。這時，鎳離子會透過毛孔、皮

脂腺滲透到皮膚中，引發皮膚過敏，出現皮膚炎、濕疹。病人的患部搔癢、有水皰，還伴隨著苔蘚化。這就是著名的「鎳癢症」，也叫「鎳疥」。

當天氣炎熱、出汗增多，或者大氣潮濕，皮膚與鎳合金飾物摩擦增加時，鎳過敏症狀就會嚴重。

●空氣中的鎳會經過呼吸道進入肺部，當處於鎳礦開採、冶煉；鎳合金生產、加工的環境中時，很容易因為吸入太多的鎳損害肺臟，刺激皮膚黏膜。這時，肺泡肥大，呼吸障礙，出現肺水腫、急性肺炎，還會誘發呼吸道癌變。

●還有一種情況會導致鎳中毒，這就是攝取鎳鹽。比如服用鎳鹽治療貧血、頭痛時，病人會出現噁心、嘔吐等消化道症狀。鎳鹽毒性較高，可擾亂正常生理代謝，危害心肌、大腦、肝腎等重要器官，出現水腫、變性，後果可怕。

鎳，以及鎳鹽本是毒性較低，為什麼進入體內會帶來如此可怕的後果呢？原來，鎳具有生物化學活性，進入體內後會左右多種酶，如精氨酸酶、羧化酶、酸性磷酸酶、脫羧酶的活性，進而具有了較高的毒性。

●預防鎳中毒，要選擇安全鎳合金飾物，過敏者不要佩戴含鎳飾品。

相關資訊

在首飾製造業中，人們很早就發現鎳既便宜又可增加亮度，是不可多得的金屬材料，於是將其大量運用到飾品中。德國人首先在銅裡加入鎳，製成日爾曼銀。這就是中國古代已有之的「爛銀」。如今流行的白金中常含有鎳，因為加入鎳後顏色、性能更加完美，據調查，這種含鎳白金佔據市場比例的76%。

越來越多的事實證明，鎳對人體皮膚存在致敏性，成為皮膚接觸過敏的主要原因之一。目前調查顯示，10～15%的女性對鎳過敏，2%的男性對鎳過敏。

為了預防「鎳癢症」，許多國家對製造含鎳飾品做出了規定。歐盟就明確提出了「鎳指令」。規定，耳環、項鍊、戒指、手錶帶，以及服裝上的鉚釘鈕釦、拉鏈等長期與皮膚接觸的物品，必須嚴格限制鎳釋放率。

「長期接觸」，指的是每天接觸時間在4小時以上；因此鎳幣不在限制之內。鎳含量低於0.01%時，幾乎不會發生過敏反應，所以「無鎳」飾物中鎳含量須低於此標準。

②遠離鎳污染環境。如果不是鎳生產、製造行業的人員，最好不要前往工作場地；必須前往時，不要逗留，更不要長時間停留。

從事鎳工業的人員，必須做好防護工作；可以飲用牛奶、口服維生素C等，以對抗鎳吸收，降低危害。

●妊娠期女性鎳吸收率極高，特別注意遠離鎳污染環境，盡量不要佩戴鎳合金服飾，以免過多的鎳進入子宮，危及胎兒安全。

●急性鎳中毒發生時，除了常規洗胃、對症治療外，可用二乙基二硫代氨基甲酸鈉，簡稱DDC等藥物，進行排毒救治。

鎳中毒除了上述典型症狀，以及相對應措施外，更為流行病學關注的是它的致癌性。從20世紀30年代起，人們就注意到鎳加工廠的工人患鼻咽癌、肺癌的機率遠遠高於一般人。

鎳與肺癌

不管是透過呼吸、皮膚、飲食還是注射攝取的鎳，在體內都會累積，逐漸積聚在腎、脾、肝等器官中。當鎳達到一定濃度時，就會使得核酸複製失真，進而導致細胞突變，向癌轉化。

特別是鎳化物可以抑制苯並芘羥化酶的活性，這種酶具有羥化大氣中的苯並芘的作用，活性降低後，人體吸入的空氣中苯並芘增多，苯並芘積聚肺內，容易產生癌腫。

現代生活中，攝取鎳過多引發肺癌的情況很多見，這除了工作接觸外，還有很多個人因素在內。

①吸菸。吸菸是引起肺癌的主要原因之一，因為香煙中含有49種微量元素，其中鎳含量較高。

相關資訊

一根香煙中含鎳約2.0～5.4μg，每天吸兩包菸的人，吸進血液中的鎳高達6μg。

鎳在煙霧中進入呼吸道，直接刺激氣管和肺；更要命的是，香菸燃燒時會產生一氧化碳，鎳可與之結合，形成致癌物質羰基鎳。

②含鎳飾品、烤瓷牙、鎳污染的水源，都是肺癌的致病因素。鎳鉻烤瓷牙是較早流行的牙科材料，因為價格便宜，在大眾中普受歡迎，鑲嵌者不乏其人。卻不料烤瓷牙中的鎳會危害身體健康，是致癌因素之一。

為了對抗肺癌，降低發病率，生活中必須做到：戒菸、避免吸二手菸；小心選擇含鎳飾物，最好不要鑲嵌鎳鉻烤瓷牙。

鎳慢性中毒是長期過程，可以即時地透過膳食、服用藥物，或者改變生活習慣進行排毒，排出多餘的鎳，維持身體健康。

- 多喝牛奶，多吃富含維生素C的水果和蔬菜，如草莓、葡萄，都會限制鎳吸收，對防治肺癌有幫助；而鮮果汁、蔬菜汁更是享有「血液清潔劑」的美譽，可以溶解排出多種毒素和廢物。
- 海帶具有較強的排毒能力，而且含有的「磺醯基」能殺滅癌細胞，是防癌良品。

【預防肺癌的食譜】海帶肉凍

材料：海帶、帶皮豬肉、桂皮、八角茴香適量。

製法：將海帶洗淨切絲，與等量帶皮豬肉放入鍋內，加入桂皮、八角茴香煨煮成泥狀，加鹽調味，放入冰箱凝固成凍備用。

功效：每日膳食切一塊海帶肉凍佐餐，既美味又可防癌。

●多運動，對預防肺癌也有好處，因為運動會加大汗液排泄，汗液中含有較多鎳，進而發揮防癌效果。

鎳與鼻咽癌

鎳過量，還是促發鼻咽癌的幫兇。鎳為什麼會誘發鼻咽癌呢？原來鎳能促進硝酸鹽轉化為亞硝酸鹽。眾所周知，亞硝酸鹽是致癌物質，是鼻咽癌的主要致病因素，當鎳過多時，亞硝酸鹽增高，鼻咽癌也就在劫難逃。可見鎳發揮了推波助瀾的作用。

預防鼻咽癌，要注意以下幾點：

①要限制含亞硝酸類的食品。不吃或者盡量少吃鹹肉、鹹魚及各種鹹菜。市面上出售的醃製魚肉、菜大都以粗鹽製成，粗鹽中含有較多硝酸鹽；而且硝酸鹽在醃製過程中還原為亞硝酸鹽，可與材料中的蛋白質分解的仲胺結合，形成亞硝胺。

②要做好個人衛生工作，盡量保持生活空間空氣新鮮，避免含鎳粉塵、石棉等進入體內；不抽菸，不酗酒。

③多運動、膳食中增加新鮮蔬菜、水果，也是預防鼻咽癌的必要措施。

④及早檢測診治對預防鼻咽癌很關鍵。鼻咽癌的早期症狀往往是鼻涕中反覆出現血絲，

或者鼻涕為淡粉色，這是腫瘤表面潰破引起的出血，特別是早晨起床時多見，這時必須予以高度重視，及早診治。

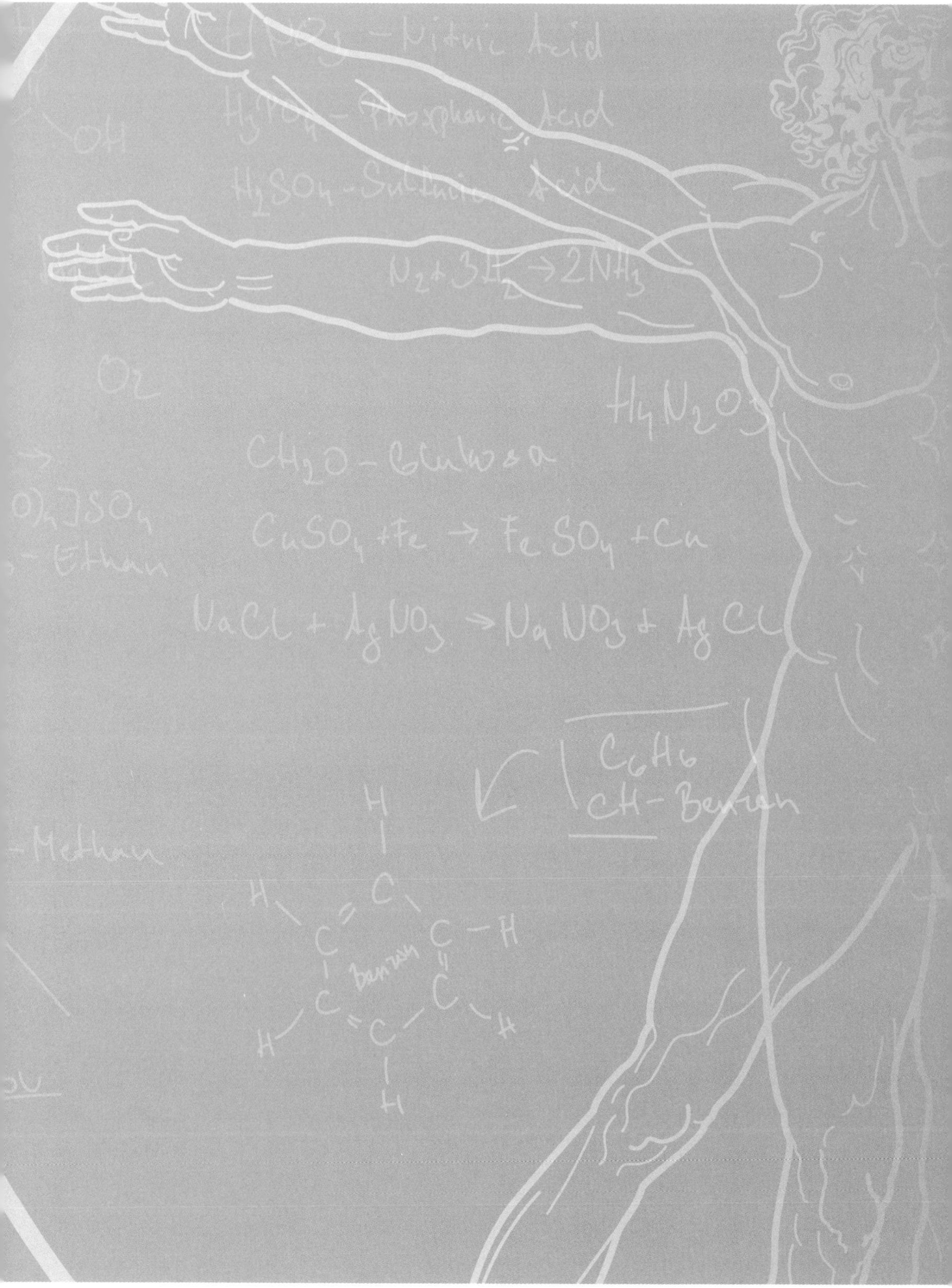
Nitric Acid
H_3PO_4 - Phosphoric Acid
H_2SO_4 - Sulfuric Acid
$N_2 + 3H_2 \rightarrow 2NH_3$
O_2
$H_4N_2O_3$
CH_2O - Glukosa
$CuSO_4 + Fe \rightarrow FeSO_4 + Cu$
$NaCl + AgNO_3 \rightarrow NaNO_3 + AgCl$
Ethan
C_6H_6
CH - Benzen
Methan
Benzen

Se

Chapter 20

硒

癌症剋星、排毒尖兵

有一種微量元素被冠以「抗癌之王」的稱號，近年來受到人們普遍關注，它就是──硒。

1817年，瑞典化學家貝琪里烏斯在硫酸廠鉛室中，發現了一種與碲相近的新元素，便以月亮女神Selenium的名字為之命名，簡稱硒。100多年後，生物學家對硒有了新的認識，認為它是動物營養的必須物質。20世紀後半葉，硒被認定是動物和人體的必須微量元素，這一發現也成為當時營養學最重要的發現之一。

人體內的硒含量微少，僅有大約6～20mg，不過這些硒分布在全身各處，肌肉中佔據了一半，其餘的主要分布在腎臟、肝臟、血液中，腎臟中濃度最高。硒透過參與構成多種蛋白質、酶，在抗氧化、維持免疫力、維持生育功能等諸多方面發揮著作用。

測一測：你有這樣的行為嗎？

你是否嗜菸嗜酒？

你是否是嚴格的素食主義者，拒絕蛋、奶、魚、肉等任何動物性食物？

你是否免疫力低落，動不動就感冒、發燒？

你是否出現未老先衰的症狀，皮膚鬆弛，出現了不該出現的細紋、黃褐斑？

你是否生活在污染嚴重的地區，周圍充斥著可怕的鉛、鎘、硫、砷等毒素？

你是否發現自己出現性能力下降的苗頭，或者患有難言的不育症？

你是否患有癌症、心血管疾病、糖尿病等頑固疾病？或者正在接受放療、化療？

不管針對哪種情況，如果你的回答是「YES」，那麼就必須接受一個事實：體內的硒已經嚴重缺乏了，補硒，是你首當其衝要解決的問題。

硒失調對人體的危害

當體內的硒含量失調、缺少或者過量時，都會影響身體正常生理功能，主要表現如下：

①硒缺乏時，會出現未老先衰、精神低迷、精子活力降低等問題，隨著抵抗力下降，人會容易患感冒、感染；嚴重缺乏時，還能引發心肌病變、心力衰竭；缺硒還會使身體容易患癌變。

②硒過量時，危害也很大，會出現指甲變厚、毛髮容易脫落等表皮系統疾患；還會出現肢體末端麻木、偏癱等神經系統症狀。

總之，硒過多過少都不是好現象，要想維持身體正常生理功能，就必須想辦法維持硒的含量在正常水準。

正常情況下，硒進入體內後，會在小腸被吸收60～80％，然後大部分經尿排出，其他的排泄途徑還有糞便、汗液和精液。因此，人體需要每天不斷地攝取硒，日需求量為50～200μg。

然而，硒是一種較敏感的非金屬元素，在自然界中存量不多，它的單質礦藏至今還沒有發現。食物中的硒受到多種因素影響，吸收率存在很大差距。

●土壤中的硒含量明顯影響到硒的攝取情況，遠遠超越飲食方式的影響。

相關資訊

美國、加拿大地區的土壤中含硒豐富，在對當地素食者以及嚴格素食者的調查中發現，他們體內幾乎不存在缺硒的情況。

●食物中的硫、重金屬、維生素等會影響硒的吸收利用。蛋白質、維生素有利於硒吸收；而重金屬、硫可與硒結合，阻礙其吸收，並加速排泄。

●不同性別、年齡的人，硒吸收利用率也不一樣。由於硒大量積聚生殖器官，並會隨著精液一起排出，所以男性比女性需要更多的硒。

硒對人體的重要作用

人體內微量的硒卻發揮著極為重要的作用。這些作用主要包括以下幾方面：

①抗氧化作用。硒參與構成的谷胱甘肽過氧化物，即GSH——PX具有催化還原谷胱甘肽、氧化還原過氧化物的作用，是重要的抗氧化劑，可以清除自由基、阻斷活性氧、消除

過氧化物，能夠延緩衰老，並預防多種慢性病發生。

硒的抗氧化作用與維生素E不同，所以兩者可以互相補充，是難得的協同作業者。

②維持免疫力。硒可以抑制脂質過氧化物的產生，調節甲狀腺素的水準，保護細胞、體液的免疫能力，對於防止凝血、清除膽固醇都有影響。

③抗癌作用。硒的水準高低直接影響著癌的發病情況，科學研究發現，土壤中硒含量的高低與癌症發病率成反比。當一個地區土壤中的硒含量較高時，此地居民癌症發病率和死亡率就低；反之，癌症發病率和死亡率就高。所以，硒被當之無愧地稱為「抗癌之王」。

相關資訊

1997年，世界衛生組織公布，大腸癌、前列腺癌、乳腺癌、肺癌、白血病等癌症的死亡率與體內硒含量呈負面關係。得知這一消息後，美國女性們開始注意補充硒，結果幾年之後，全美乳腺癌發病率降低很多。政府對此非常關注，建議人們每天補充200μg硒，以預防各種癌症。

④排毒、解毒功能。硒做為非金屬元素，具有一個突出特點，就是可以與多種重金屬結合。重金屬屬於有害金屬，如鎘、汞、鉈、鉛、砷，會對人體產生毒害，危害腎、

生殖腺和中樞系統。硒與它們結合後形成金屬硒蛋白，進而解除毒性，並容易排泄體外。硒還可以結合多餘的錫，有著防治錫中毒的作用。

⑤硒可以預防糖尿病。硒參與構成的谷胱甘肽過氧化物酶，不僅具有抗氧化作用，還能保護胰島β細胞不被破壞。胰島β細胞是維持醣代謝的基礎，遭到破壞會引發、加重糖尿病。

⑥硒在生育方面的作用。硒可以增強精子活力，維持男性正常生育功能，對於預防生殖系統疾病很有幫助。目前的研究發現，愛滋病患者補硒後，症狀得到緩解，病情延緩發展。

⑦硒具有保護肝臟的作用，能夠預防肝病、肝癌；還可以保護視網膜，預防白內障，對提高視力有幫助。綜上所述，可以看出硒的作用非常之多，而且越來越受到重視。這是硒成為炙手可熱的微量元素的原因，為此，如何補充硒，就被當今人們所津津樂道的。

人體對硒的需要量

補充硒，首先需要瞭解硒的需求量。對正常成人來說，每天攝取量必須在50μg以上，如果長期低於這一水準，會誘發癌症、生育力下降、心血管疾病、肝病、糖尿病等多種疾病，讓人體處於麻煩不斷之中。

然而，由於存在以下幾種原因，導致大多數人群長期缺硒，進而嚴重影響到身體的健康。

首先，土壤中缺硒，生活在此的植物、動物無法獲取足量硒，也就間接造成人體硒水準不高。

其次，工業污染、酸雨等造成環境惡劣，產生大量二氧化硫，硫與硒結合能力很強，形成難溶性硒，無法被植物吸收利用，進一步阻礙了人體可獲取硒的來源。

再次，膳食習慣影響了硒的吸收利用。如長期以植物性食物為主，這些食物中的硒含量本身不高，加上受生長的土壤影響，根本無法保持硒的攝取量；與之不同，還有些人喜歡高脂肪膳食，殊不知，脂肪會使硒吸收率下降，還影響硒的抗癌作用。

最後，不良習慣是硒的殺手。由於現代生活節奏變快，人們壓力增大，無形中對硒的需求增加。另一方面，長期大量吸菸、酗酒，也加重了硒的流失，降低硒在人體的作用。這是因為菸中含有害金屬——鎘，鎘會與硒結合，造成流失，並阻礙它發揮作用。而酒精也會加速硒代謝，並損傷肝臟，進而影響硒對肝臟的保護能力。

對男性來講，造成硒缺乏的原因還有一點：過度性生活。在男人體內，25～40%的硒集中在生殖器官，會隨著精液排泄體外，當性生活過度時，硒排泄增加，勢必影響體內水準。

所以，有人指出男性的硒需求量高於女性，他們的最低水準應該在70μg。

不管哪種原因，體內硒缺乏都是嚴重的營養問題，補充硒成為當務之急。特別是患有癌症、心血管疾病、糖尿病等疾患的病人；從事重金屬工業的人員；菸酒成性的人；還有處於生長發育期的兒童與少年，擔負著孕育後代重任的孕婦、哺乳期女性，以及步入中老年期的人群。

①選擇富硒食品，是補硒關鍵。硒存在多種食物中，芝麻是含硒最多的食物，稱其為「硒寶庫」；麥芽、海鮮、蛋、瘦肉中含硒豐富；小麥、白米、茶葉中含硒也較多；而多數蔬菜和水果中含硒不多，不過大蒜、蘑菇、蘆筍含硒較豐富。

●從硒在食物中的存在情況來看，應該杜絕素食，採取混合膳食的辦法，適當增加海味、蛋的攝取。研究發現，蛋類中的硒含量大大高於肉類，如100g豬肉含硒10.6μg，而同等重量的雞蛋含硒為23.3μg，鴨蛋為30.7μg，鵝蛋為33.6μg，高出2～3倍。

【補硒食譜】鵝蛋炒青椒

材料：鵝蛋、青椒、紅蘿蔔、調味料適量。

製法：將鵝蛋加適量水打散，放鹽調味，入鍋熱炒；微熟後放入青椒丁、紅蘿蔔丁，翻炒幾下即可。

功效：此菜製作簡單，色澤鮮豔，清淡不膩，鵝蛋中富含硒，幾乎適合所有人補硒所用。

當然，補硒也要與人體實際情況結合，比如冠心病人，需要考慮限制膽固醇、脂肪的攝取，因此不能一味補充肉、蛋等。

●選擇富硒地區出產的食品，是補硒的好辦法。

硒受到土質影響太大，要是能夠長期食用富硒地區出產的食物，無疑是補硒的最佳選擇。

●在土壤中施加含硒肥料，提高動、植物含硒量，正在被人們廣泛推廣。

如今，開發生產的富硒白米、茶葉，含硒量可以高達100～300μg/kg，為人類補硒提供了嶄新途徑。在此基礎上，人們相繼開發推出富硒蛋、富硒麥芽、富硒蘑菇等產品。

②使用硒鹽、富硒日用品。受到碘鹽影響，人們發現可以在食鹽中加入亞硒酸鈉，製成硒鹽。還有，硒可添加到廚房用品、茶具中，如富硒鍋、富硒杯，可以在使用過程中慢慢釋放硒，補充需求。不過，這類無機硒一般吸收差，而且效果不好。

③口服含硒藥丸。缺硒嚴重時，可以透過服用含硒保健品、藥物補硒。

相關資訊

長期吸菸者戒菸後，要用20年時間才能排除體內毒素。而為了提供補硒配方，每天補硒200μg，只要3個月，就可以徹底清除體內毒素，效果驚人。

含硒保健品和藥物因為含硒量大，服用方便，會為人體提供大量硒。這種做法在提升體內硒水準的同時，無疑帶來另一後果：硒過量。

硒中毒

臨床證明，亞硒酸鈉具有誘發白內障的作用。這一點與硒清除自由基、防止白內障發生恰恰相反。

實際上，人體攝取硒也有上限規定：每天不得超過400μg。要是服用無機硒藥物，連續兩週每天超過400μg，或者服用有機硒超過1000μg，會引起硒中毒。

硒中毒時會干擾體內的各種生化反應，導致維生素B_{12}、葉酸、鐵代謝紊亂，引發各種貧血；還能出現脫髮、灰指甲等症狀；嚴重時會影響智力發育，對兒童來講，這一點尤為可怕。

因為硒對兒童的種種作用，目前兒童補硒很受媽媽們青睞，長期大量口服藥丸補硒者不乏其人。確實，硒會讓寶寶發育良好，具有較強免疫力，還能給寶寶聰明的大腦、健壯的身體，讓寶寶的眼睛更明亮，免受各種毒素侵害。但是，在補充硒時，要是不考慮到硒過量就大錯特錯了。

兒童每天硒需求量最高值是180～360μg，超過這一水準就會引發中毒。預防硒中毒，也有辦法。

①富硒地區的人，不需要額外服用藥丸。服用藥丸之前，需要先確定體內是否缺硒，可以到醫院檢查，也可以以自身的情況判斷。

②選擇富硒保健品時，一定要留意含硒量，注意服用時間、次數，尤其是寶寶，要嚴格限制劑量。如口服劑量為1mg的亞硒酸鈉片時，成人每天服2片，可是2～4歲寶寶每天只能服半片，5～10歲寶寶可以服1片。

③補硒時，膳食中注意攝取蛋白質和維生素，可增加硒排泄，降低毒性。牛奶、豆類、植物油，都是預防硒過量的好選擇。

其實，生活中只要注意膳食，多吃一些含硒豐富的食物，就可以滿足身體需要了。比如蛋類做為富硒食物，又含有優質蛋白質，是寶寶補硒的好途徑；還有芝麻，也會為寶寶提供很多硒。

硒對皮膚的抗衰作用

當硒缺乏時，很多人都有皮膚鬆弛、失去光澤、出現黃褐斑的症狀。對愛美女士、中老年人來講，這無疑是極大的不幸。

為此，不少中老年人、女士開始走向口服含硒藥丸的行列，希望藉此改善皮膚，延緩衰老，永保青春。

①盡量選擇有機硒。有機硒吸收好，安全有效，與無機硒相比，更適合人體利用。如酵母硒、海藻硒、麥芽硒、蛋白硒等。

②溫水、空腹吃藥丸。硒不會隨著水溫升高而降低功能，但是大多數保健品中還含有維生素，會在高溫下失去活性，因此50～80度的溫水最適宜；空腹利於硒吸收，不過糖尿病人應該在飯前30分鐘服用，而進行放療、化療的病人，需要提前一週服用，才會減輕毒副作用。

③飲酒前服用200μg硒，會降低乙醇對身體的損害，不但可以保護肝臟，還能抵抗由此產生的自由基，對延緩衰老有好處。如果喝多了，不妨一次口服400μg硒，對保護肝臟很有用。

④吃富硒藥丸時，可與醋一起攝取，能夠降低血糖，對糖尿病患者有益。

Q&A

【問答現場】

問：我是糖尿病人，有人說吃藥丸時，不能同時吃其他藥物，那麼我的降糖藥還用吃嗎？如果不吃會不會加重病情？

答：補硒可以改善糖尿病症狀，然而糖尿病人不能隨便停藥、換藥，否則會引起血糖反彈，十分危險。硒做為保健品，不但能與降糖藥物同時服用，還可與多種藥物同服，一來加強藥物效能，二來可以消除藥物副作用，儘管放心服用。

⑤補硒時，可以同時補充鈣、鋅。補硒可以加速體內鉛排泄，有利於鈣吸收。鉛和鈣具有拮抗作用，所以有「補鈣不排鉛，等於白花錢」的說法。如何排除鉛，硒當然是最好選擇。

⑥補充維生素E。維生素E清除自由基、抗氧化能力的首屈一指，可以從根本改善肌膚狀況，預防細紋、鬆弛發生，還能促進皮膚微循環，讓血液明亮乾淨，保持膚色紅潤有活力。與硒合用，還能提高硒的抗氧化能力，會為身體提供雙重抗氧化保護。

透過科學合理地服用含硒藥丸，皮膚衰老會很快得到改善，助你恢復青春容顏。不過，硒對皮膚的作用具有兩面性，當硒中毒時，會危害表皮系統，除了出現脫髮、指甲增厚外，皮膚會變黃、粗糙，十分可怕。而且硒化物如果直接接觸皮膚黏膜，還有很強的刺激作用，引起紅斑、水泡和潰瘍。

實際上，日常生活中只要從膳食中留意，照樣會補充足量硒，滿足美容所需。以下四種富硒食物，相信對愛美人士大有裨益。

●蘑菇有「駐顏王牌」之譽，其中富含硒，還能激發雌激素分泌，是抗老的最佳食材。蘑菇中的白蘑菇，是含硒量最多的菌類，富有多種維生素、氨基酸及礦物質，是難得的健康食品。

●巴西堅果。

●薏米。據傳說，古代美女趙飛燕曾經使用香肌丸美膚。此丸原料之一就是薏米，不過這個丸並非食用，而是塞在肚臍眼裡，讓其慢慢釋放吸收，即可美白皮膚，又能瘦腰。

●雞肉。雞肉富含硒、蛋白，是肉類中難得的美膚佳品。雞肉與蘑菇合用，製作的蘑菇燉雞，美味又補硒，就是常見的美容食譜。

【補硒美容食譜】金錢白蘑菇湯

材料：雞胸肉、白蘑菇、火腿、綠葉蔬菜、澱粉、雞蛋清、胡椒粉各適量。

製法：將澱粉、雞蛋清、胡椒粉調成糊，裹到白蘑菇片上；然後將雞胸肉剁成茸，貼在白蘑菇片上；在另一面放火腿片；中間夾綠葉蔬菜；完成後上籠蒸熟；5分鐘後，將其放入燒開的水或湯中，放鹽調味，即可。

功效：補硒美容。

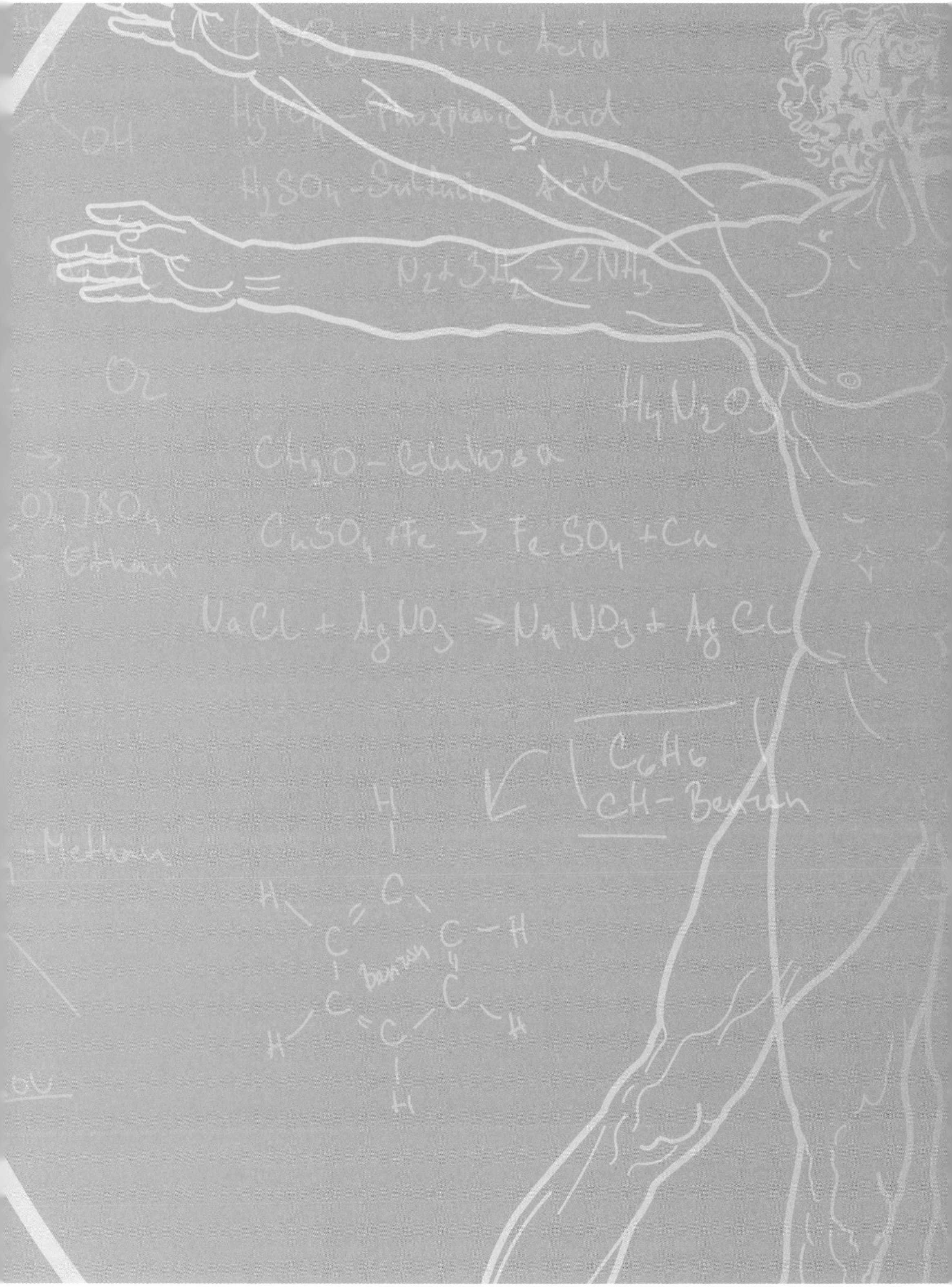

Acid
H_3PO_4 - Phosphoric Acid
H_2SO_4 - Sulfuric Acid
$N_2 + 3H_2 \rightarrow 2NH_3$
O_2
$H_4N_2O_3$
CH_2O - Glukosa
$CuSO_4 + Fe \rightarrow FeSO_4 + Cu$
$NaCl + AgNO_3 \rightarrow NaNO_3 + AgCl$
C_6H_6
CH - Benzen
- Ethan
- Methan
Benzen

Chapter 21

碘

甲狀腺的必須物質、人體的智力元素

人類對碘的認識較早，中國晉朝著名醫學家葛洪曾經用海藻的酒浸液治療癭病，即今天的甲狀腺腫大（俗稱大脖子病）。不過當時人們並不清楚海藻的治病原理。直到1811年，法國人庫爾圖瓦在利用海藻灰製造火藥時，發現海藻灰倒進硫酸溶液後，釋放出一股美麗的紫氣氣體，氣體冷凝後變成黑色、金屬光澤的結晶體，這就是碘。因此，當時著名的化學家蓋呂薩克為其命名為iode，來自希臘文「紫色」一詞。

隨著碘的發現，對它的研究進入全新時期。7年後，有人開始用碘製劑防治甲狀腺腫；19世紀末，人們終於從人體甲狀腺腫分離出了碘。

人體內究竟有多少碘？這些碘對人體又有著怎樣的影響呢？

正常成人體內含碘總量約為20～50mg，其中2／3存在甲狀腺中，其餘的依次分布在肌肉、肺部、肝臟、睾丸、血液、淋巴結和大腦中。與其他必須礦物質一樣，碘在體內也是不可生成、不可儲存的元素，具有不可缺少、不可替代的特性，因此需要每天不斷補充。

碘是甲狀腺的組成成分，參與甲狀腺素合成。對人體來說，甲狀腺素具有極其重要的生理意義：促進新陳代謝、加速物質氧化與氧化磷酸化、以及能量轉換；調節蛋白質合成與分解，以及骨骼發育，促進生長發育，並對大腦發育有著關鍵作用，可以維護中樞神經系統安全，所以碘被譽為「智力元素」；促進醣、脂肪代謝，有調節血糖、血液膽固醇濃度的作用；啟動100多種酶的活性，並促進維生素吸收利用。

碘，正是透過甲狀腺素發揮著自己獨一無二的作用，維護著人體健康。

測一測：你有這樣的行為嗎？

你每天都從事高強度勞動。

你為了減肥，限制蛋白質、能量攝取；或者偏好甘藍、蘿蔔等蔬菜，餐餐進食。

妳懷孕了，卻不吃海藻類食物，也很少接觸海魚、貝類。

你好發感染，不得不長期服用磺胺類藥物。

你為了給寶寶補鈣，給他服用了大量鈣鎂片。

以上種種行為，都會導致人體出現碘缺乏。也許你會說，現在人們普遍食用碘鹽，怎麼還會缺碘呢？問題沒有那麼嚴重吧！

事實並非如此，碘鹽雖然給人們帶來大量碘，但是一些特殊情況下，會造成人體碘流失過多，如果不注意改正這些行為，或者額外補充碘，照樣會讓身體缺碘。準媽媽們會遭遇流產、死胎、新生兒先天畸形的噩夢；兒童會出現身材矮小、智力低下、發育不良，造成終生遺憾；健康成人患上甲狀腺腫大、記憶力減退、食慾不振、精神障礙……

而且，碘還為人們帶來另類擔憂，這就是長期大量地攝取碘照樣會損傷甲狀腺、神經系統，還會危及生殖力，危險重重。

那麼，如何正確地補碘，就需要更全面、更科學地去瞭解。

人為什麼會缺碘？

碘在地球上存量稀少，並且受到環境因素影響，不同地區的土壤、水質中含碘情況差別非常大。碘主要存在海水中，海洋生物體內蘊含豐富的碘；而遠離海洋的山區，或者不被海風吹到的地區，土壤和空氣中碘含量要少得多。這就造成許多內陸國缺碘。

在此基礎上，碘成為目前全球普遍缺乏的礦物質之一。據調查，全球大約有16億人生活在缺碘地區，每年造成死胎、新生兒智力障礙、甲狀腺腫大……等病患者成千上萬。

那麼，除了生活環境影響外，還有其他因素影響碘含量嗎？這需要從碘在人體內的吸收代謝去分析，並做出回答。

人體攝取碘有三個來源：食物、水、空氣。其中80～90％來自食物，10～20％來自水，5％來自空氣。碘以碘化物的形式進入體內，一部分可以直接吸收，另一部分需要在腸道轉化為無機碘才能吸收。整個過程非常迅速，用不了3個小時。在這一過程中，形成「腸肝循環」，更好地吸收利用碘。

可見，碘在體內的吸收情況良好，一般不會因此影響到碘的攝取。不過當身體出現蛋白質、能量供養不足時，會妨礙腸道對碘的吸收；另外鈣、鎂和一些磺胺類藥物，也會影響碘吸收。

所以，從膳食中增加碘攝取量，是獲取充足碘，預防碘缺乏造成的各種疾患的有效途徑。

● 含碘最多的食物來自海洋，如海帶、紫菜、海參、海魚、海蜇、干貝，其中海帶被認為是含碘最多的天然食物，高達240mg/kg。

● 玉米、白菜、芹菜、牛肉等日常食物中，也含有一定量的碘，不過比起海產品來，含量幾乎微不足道。

● 在各種陸地食物中，動物性食物的碘含量高於植物性食物，其中蛋、奶中含量稍高、其次為肉類、然後是淡水魚。水果和蔬菜中幾乎不含碘，但萵苣、生菜含碘量偏高。

由於含碘食物較少，而缺碘情況嚴重，兩方面原因導致了全球性缺碘的流行。為了對抗缺碘，就需要不斷地補充。針對不同人群，補碘的需求量也不同：0～5歲，90μg/天；6～12歲，120μg/天；12歲～成人，150μg/天；孕婦、哺乳婦女，200μg/天。

從中可以看出，青少年和孕婦、哺乳期婦女是需碘的重點人群；勞動強度大的人，或者發生各種感染時，甲狀腺分泌增加，碘需求量也隨著增加。

碘治療甲狀腺腫大的獨特功效

據統計，全球甲狀腺腫大發病情況位居流行病排行榜前列，約有2億人遭受不同程度危害。特別是中亞地區，一直被認為是甲狀腺腫大發病最嚴重、最為典型的病區。

相關資訊

尼泊爾甲狀腺腫大發病率很高，女子幾乎達100%；在當地，居民甚至不把它看作疾病，認為是正常生理情況。與之相反，生活在海洋島國上的人，幾乎無人患上此病。

生活在海洋地帶的人，自然經常食用含碘豐富的海產品，體內就不會缺碘；而生活在內陸山區的人，很難吃到海產品，也就造成碘缺乏，出現甲狀腺腫大。

預防甲狀腺腫大，必須從日常膳食中做起。

①食用碘鹽。全球缺碘引起世界衛生組織高度重視，為此極力呼籲人們食用加入碘的食鹽。做為每餐必須品，碘鹽價格便宜，5～6g中含有的碘就能滿足人體所需，既簡單有效又安全經濟，不愧是解決缺碘問題的功臣。然而食用碘鹽也有需要注意的事項：

●選擇碘鹽。目前碘鹽一般分為兩種，添加碘酸鉀的碘鹽和添加碘化鉀的碘鹽。在選擇碘鹽時，可以透過看包裝、色澤，用手捏、鼻聞、口嚐等方法辨別其品質優劣。要選擇包裝精緻、印刷清晰、外觀潔白；鹹味純正、無臭味，顆粒均勻、抓捏鬆散的產品。如果產品包裝粗糙，外觀發黃，或者發黑、潮濕、成團，或者有苦味等，都屬於劣質產品。

●儲存碘鹽。碘是一種較活潑、易揮發的非金屬元素，碘鹽在儲存過程中方法不當，可流失20～25%的碘。因此碘鹽應該放在溫度偏低、陽光照射不到的地方；而且儲存時應該注意密封，最好快取快蓋，以免碘揮發流失。

●烹調時，最好在菜快起鍋時再加鹽，不然高溫會揮發掉15～50%的碘，降低效果。

●不要一味補碘，而過多進食碘鹽，要注意清淡飲食、減少鈉攝取量，這樣對身體健康更有益。

●進食碘鹽是一個長期過程，不能三天捕魚兩天曬網，最好天天食用。

●進食碘鹽，還要留意碘攝取量是否超標。

高碘與低碘一樣對人體有害，並非補得越多越好，近幾年在普遍食用碘鹽的影響下，關於高碘更加引人注意。由於台灣膳食中吃的鹽普遍過高，不是世界衛生組織提倡的5～6g，而往往超過20g，這一過高的鹽中碘含量自然也超出日需求150μg的標準，導致攝取碘偏多。

碘過量的危害我們前面說過，為了預防損害發生，提醒人們有必要根據個人情況進食碘鹽。比如高碘區的居民不要進食碘鹽；適當控制碘鹽攝取量等等。

如果不放心自己體內碘是否過量，可以到醫院檢查，如果尿碘中數值超過100～200μg/L，那麼就是碘超標了。

②改善膳食結構，進食富碘食物。除了碘鹽，更安全放心的補碘方法就是進食富碘食物。特別是來自深海的藻類，如海帶、紫菜、昆布等等；以及各種魚類，這些食物不僅味道鮮美，含碘豐富，還無污染，是真正的綠色健康食品。

③採用藥物療法。當缺碘嚴重，甲狀腺腫大明顯時，在食療補碘的同時，還要結合藥物療法。人類對於治療甲狀腺腫大已有多年經驗，成功地運用各種碘鹽、碘製劑來對抗疾病。

藥物治療需要注意：療程較長，一般會反覆用藥；用藥時要密切關注，防止過敏，或者甲狀腺機能亢進發生；嚴防兒童誤服碘製劑、碘片。

碘具有較強的腐蝕性，可引發喉頭水腫、窒息，還會損傷神經系統，危害兒童智力。一旦兒童誤服了碘製劑，對應策略是給他口服大量澱粉食物，米湯、麵湯、藕粉、麵包、餅乾等，都可以與碘結合，減輕毒性；然後催吐，並用澱粉液、米湯等洗胃，直到胃液變藍為止。這是因為碘可與澱粉結合，呈深藍色，因此碘常用來檢測某物質是否含有澱粉。

臨床上，對兒童每天攝取碘量有明確規定，不可超過800μg。

孕期、哺乳期婦女尤其不可缺碘

Q&A

【問答現場】

問：我是位懷孕的準媽媽，去產檢時顯示碘偏低，醫生說需要儘快補碘，否則會影響寶寶智力，把我嚇了一跳，事情真是如此嚴重嗎？

答：是的，碘對準媽媽來說，是至關緊要的元素。研究已經證明，缺碘地區兒童的智商明顯低於非缺碘區的；而且，缺碘還會帶來流產、死胎、先天畸形，非常危險。

碘對處於成長期的寶寶來說，影響遠遠高於成年人，因為碘與腦神經發育密切相關。所以孕期、哺乳期婦女，如果不能攝取足夠的碘，那麼寶寶們的甲狀腺素合成不足，這時，負責語言、聽力、智力的大腦皮層發育就會不全，使得他們出現不同程度的聾啞、智力下降、身材矮小等等。

而且，缺碘造成的智力損害，是不可逆轉的，以後再怎麼補充碘，也無濟於事，給寶寶帶來終生遺憾。

可見，補碘對孕期、哺乳期婦女來說尤其重要，她們的碘需求量一般為200μg，高出平時50μg。當然如何科學合理的補碘，也是有講究的。

● 進食海藻類食物，是補碘首選。海藻類食品包括海帶、髮菜、紫菜、裙帶菜等，這類食物不僅含碘最豐富，還含有鈣、鐵、鎂、磷等多種礦物質，以及豐富的維生素，而且低蛋白、低脂肪，對於維護上皮組織健康，減少色斑沉澱很有好處，準媽媽們進食海藻類食物，可謂一舉多得。

●適當選擇碘化的補品、食物。碘鹽、碘化食用油、加碘奶粉等，是市場上常見的補碘食物，準媽媽不妨留心，多選擇一些此類食品；另外，深海魚類、貝類也是含碘豐富的食物，多吃一些對補碘有幫助。

如果生活在甲狀腺腫大流行區，或者體檢顯示體內碘過低，孕期、哺乳期婦女更要加大碘攝取量，特別是懷孕後期，可以在醫生指導下服用碘化鉀藥丸，以維持母子健康。

●少吃十字花科蔬菜，確保進食海產品。十字花科蔬菜，常見的有甘藍、蘿蔔等，這類蔬菜會阻礙人體對碘的利用，造成碘不足，因此即便生活在富碘地區的孕婦、乳母，也要少吃這類食物；同時，由於碘需求量大增，生活在富碘地區的孕婦、乳母依然需要多食用海產品，比如2～3天吃一次海魚，經常吃海帶，都會提供大量碘。

●蛋白質、能量不足時，腸道吸收碘的能力減弱，因此孕婦、乳母要加強這方面營養攝取。

補碘時，最好不與鈣、鎂同時補充，也不要同時服用磺胺類藥物，可以錯開服用時間。但是補碘也不可自作主張，過量的碘照樣會危害寶寶健康。因此孕婦可在懷孕三個月時到醫院進行檢測，在醫生指導下確定服用量。

Chapter 22

矽

骨骼與組織的「磚石」

關於矽對人體健康的影響，人類發現得比較晚。直到1972年才證實矽是動物的必須元素，兩年後，有人確認矽是人體必須微量元素，並展開充分研究。

矽在人體內含量頗豐，存在皮膚、肌腱、毛髮、指趾甲、軟骨、動脈壁、角膜、鞏膜以及各種氨基多醣中。從矽存在的部位你也許可以看出，它的作用主要與骨骼、結締組織發育，以及心血管和衰老有關。

矽是骨骼和組織的「磚石」，有了它，才可以建造起人體這座「大廈」。

相關資訊

科學家發現，幼鼠和成年鼠的骨質生長活躍區聚積著大量矽，隨著鈣化過程，矽的含量越來越多。當鈣化完成，矽的含量則明顯減少。

從動物觀察結果中得出結論，矽是骨骼生長的關鍵，如果矽缺乏，骨骼生長會出現阻滯，生長緩慢、骨骼異常、畸形發生，而且牙齒發育也受影響，牙釉質發育不良、齲齒、黑牙等。

人體的骨骼由兩部分構成，有機質和無機質，其中無機質佔據70%，主要由鈣、鎂、鉀、鈉、鋅等沉聚而成，決定著骨骼的硬度；有機質包括骨膠原纖維、黏多醣蛋白等，是骨骼的網狀支架，決定著骨骼的彈性和韌性。矽在骨骼中有著調節有機質生成，以及鈣、鎂沉聚的作用。沒有它，骨骼就會鬆散、脆裂，甚至坍塌。

測一測：你有這樣的行為嗎？

如果你的一日三餐與粗糧絕緣。

如果你從早到晚都是喝純淨水。

如果你只給孩子提供蛋、奶主食，很少吃其他食物。

那麼攝取的矽會明顯不足。長此以往，你的皮膚會過早鬆弛、出現皺紋，孩子的骨質將不再結實，發育遲緩……

矽是種什麼元素，如何維持體內攝取足夠的矽呢？

矽的流失與補充

矽對骨骼生長發育功不可沒，生活在中常常見到許多人不斷補鈣，可是還是出現了骨質疏鬆，問題就出在矽身上。

體內缺矽可能有幾方面原因引起：

①膳食中矽攝取太少。

●與多數礦物質一樣，人體內的矽主要來自於食物，其中全穀粒的食物纖維中含量最豐富；其次是各種堅果；動物的肝、肺、腎、腦等臟器和結締組織也含有一定量的矽。如果膳食中以高精度米、麵為主，會造成矽大量流失。

●矽在精製食物中流失嚴重，比如糙米含矽36mg/100g，而精製後的僅有7mg/100g；全燕麥含矽460mg/100g，精製後僅剩13mg/100g。

●飲用水也是矽的來源之一，一般水中矽含量為2～12mg/L。

②矽的吸收與存在形式關係很大，比如矽酸鋁、二氧化矽吸收率僅有1%，而各種有機矽吸收率可達30～50%。當人體衰老時，胃酸分泌減少，矽吸收減弱。雌激素減少時，矽吸收也明顯減少。

③人體每天都會流失大量矽。矽主要透過尿液排泄，但是脫落的皮膚細胞、毛髮、指甲中也含有大量矽；流失的矽必須不斷補充，才能滿足人體需要，正常成人日需求量為20～50mg。

從矽的流失情況來看，當攝取矽偏少或者流失過多時，都會出現矽過低，影響骨骼發育。這種情況在老年人身上多見，因為老年人消化能力減弱，老年女性的雌激素分泌大大降低，無法吸收進入體內的矽，影響到鈣化，這時即便補充再多鈣，也會出現骨質疏鬆症。

老年人要想攝取足夠的矽，不妨多吃全穀粒食物，如糙米、燕麥、玉米等粗糧；還可以多吃豆類，豆類含矽量雖然比穀粒較低，但其中的矽很利於人體吸收；另外，要加強鍛鍊，刺激胃酸分泌，也能促進矽吸收。

矽與美容

俗話說，「人老臉先老」，意思是一個人的衰老先從臉部表現出來。確實如此，我們在判斷一個人的年齡時，往往會從他臉上的皮膚情況去猜測。如果他的皮膚彈性很好，光滑亮澤，沒有皺紋，當然不會與「衰老」掛鈎。可是皮膚鬆弛、缺少彈性、皺紋增多，而且粗糙、黯黃、凹凸不平、色素沉澱時，無論誰都會認為他不再年輕。

皮膚為什麼會存在這麼大的差別？又是什麼因素讓它逐漸「衰老」的呢？

原來，皮膚中75％是由膠原蛋白構成的，膠原蛋白的主要成分是黏多醣、脯氨酸、絲氨酸，它們交互連接形成立體網狀結構，就像海綿一樣，彈性十足，可以吸收水分，讓皮膚飽滿滋潤。可是膠原蛋白很嬌貴，在紫外線、自由基作用下會斷裂，使得結構破壞，失去彈性，也不能吸收水分，這樣皮膚就會鬆弛、乾裂、出現皺紋。

所以，膠原蛋白的減少和破壞是衰老的關鍵，特別是30歲以後，人體皮膚的膠原蛋白會以每年1.5％的速度損失，如何保持膠原蛋白含量，減緩流失速度，當然是防衰老的必修課。

膠原蛋白合成離不開水解酶的作用，矽可以啟動這種酶，有效促進膠原蛋白合成。所以矽又有「美容無機鹽」的稱譽。

相關資訊

比利時一家研究機構在針對一群皮膚老化、頭髮易斷裂、指甲變脆的中年女性進行試驗時，發現她們在服用膠體矽酸，並同時採用膠體矽酸塗抹臉部後，衰老症狀得到明顯改善，細紋和色素沉澱也大幅減少。

當人體矽減少時，膠原蛋白合成受阻，含量降低，皮膚自然出現各種衰老症狀。對女性來說，要想保持美麗容顏，必須重視矽，並加大攝取量。以下幾種食品，對於女性預防皮膚衰老很有用處。

①葵花籽。葵花籽含有豐富的矽，還含有不飽和脂肪酸，前者是膠原蛋白合成的必須物質，後者含有亞油酸，被稱為「美容酸」，是皮膚和毛髮新陳代謝的營養物質。兩者共同作用，可以使皮膚彈性良好，頭髮光滑亮澤，眼睛充滿光彩。

②仙人掌。仙人掌並非只是觀賞性植物，其富含鈣、鐵、錳、鉀、矽等礦物質，還含有豐富的黃酮類物質和多醣，是美容佳品。

③甜椒。甜椒是富含矽的蔬菜，對於強化指甲、滋養髮根，以及活化皮膚細胞都有作用。

除了以上幾種食物，生活中注意多進食粗糧、多運動，都是攝取矽的有效途徑，特別是粗糧，離現代人的餐桌越來越遠，如何拉近與它們的關係，是皮膚美容的基礎。

另外，礦泉水中含有豐富的矽，常飲對美容很有好處。

除了食物外，目前市場上推出了很多含矽的美容護膚品。這類產品可以填充肌膚表面的凹陷，讓肌膚看上去更加光滑，因為無刺激、通透性好、保水效果明顯備受歡迎。不過選擇時要注意，不要讓過多的矽堵塞毛孔，引起過敏或者油性太大。

矽對軟骨和結締組織的作用

矽對於軟骨、結締組織的作用十分明顯。尤其是在胎兒期，軟骨和結締組織處於形成階段，兩者的基質中都含有黏多醣、膠原，矽可以將黏多醣相互連接，並且有助於黏多醣與蛋白結合，進而形成纖維性結構，使得結締組織充滿彈性。也就是說，矽在軟骨和結締組織中充當著「聯合劑」的角色，一旦缺乏，軟骨和結締組織將無法正常發育，彈性減弱，失去效能。

同時，矽可以在骨骼的結締組織中交叉結合膠原素，維持骨骼正常發育。如果矽不足，骨骼發育受到影響，會誘發細骨現象。

矽的這種作用對兒童影響深遠，當一個孩子體內矽缺乏時，往往較易有發育遲緩、瘦小體弱、器官萎縮、骨骼細小、頭顱小、牙齒發育不良。

相關資訊

有人在水含氟量相近的兩個地區進行考察，發現兩地兒童患齲齒率差別很大，十分不解，於是進行深入研究，這才發現一個地區矽含量較高，另一個地區矽含量僅是前者的1／3，結果矽含量較高地區的兒童，齲齒發病率低得多。

看來如何防止兒童缺矽，是需要認真對待的營養問題。

①混合膳食，避免過分精緻的食品。

●增加全粒穀物、堅果，是孩子補矽的必要選擇，一味蛋、奶膳食，或者過於精緻的米、麵，都會讓孩子攝取的矽不足。

●多吃海產品。世界衛生組織曾經呼籲，人類長壽的膳食原則是每天吃一種海產品。對兒童來說，牡蠣可算是絕佳的補矽食物。

在西方，牡蠣有「海底牛奶」的美譽，《聖經》中稱其為「海之神力」；中國從古至今對牡蠣也是多有讚譽，比如李白曾經說過「天上地下，牡蠣獨尊」的話，還有人寫過「蠣房風味勝江瑤」的詩詞，都說明了牡蠣的美味與營養價值。

現代科學研究測定，牡蠣中50％為蛋白，並含有多種微量元素和維生素，脂肪含量卻十分微少，煮湯後如牛奶潔白醇香，十分適合兒童、孕婦服用，對於骨骼、牙齒生長非常有益。

牡蠣不僅是美味佳餚，還具有很高的藥用價值。中藥牡蠣含有80～95％的碳酸鈣、磷酸鈣、鎂、鋁、矽、鐵等，可以安神防病、固精強體，對於心血管疾病、肝病療效顯著。

除了牡蠣外，海帶也是兒童補矽的好食品。海帶含有豐富的礦物質元素，其中很多是陸地蔬菜沒有的，而且海帶中有一種特殊物質——硫磺酸，具有保護視力和大腦發育的作用，對兒童來說，尤為可取。

②多喝礦泉水。兒童處於發育階段，而且運動量大，損耗的矽較多，這時透過飲水補矽，無疑是快捷有效的方式。

矽在水中含量豐富，特別是天然礦泉水，來自地下、未受污染，如果土質中富含矽，會為人體提供大量矽。

相關資訊

在英國，各地水中矽含量不同，有的地區達到17mg/L，有的地區只有7.6mg/L，結果兩地冠心病死亡率出現較大差異，矽含量高的地區明顯低於矽含量低的地區。在芬蘭，也存在相同情況。

在不同種類的礦泉水中，偏矽酸礦泉水是含矽最多的礦泉水。飲用時，要觀看水質是否清澈、口感是否好，如果味道微甜，沒有異味，一般為品質良好的礦泉水。

矽對心血管的作用

人體的動脈壁中存在矽，它可以保護心血管，構成一層屏障阻礙脂質內侵，增加血管彈力纖維；當矽缺乏時，動脈壁會硬化，彈性降低，出現並加重心血管疾病。

動脈壁中的矽隨著年齡增長、動脈硬化會減少，對中老年人來講，如何攝取足夠的矽，是必須關注的問題。

①飲用麥飯石水。麥飯石，正是一種矽酸鹽礦石，這種礦石含有多種礦物質，其中矽含量最多，因為形狀像一團麥飯，故名麥飯石。麥飯石無毒、性甘溫，具有保肝利膽、健胃利尿、改善血液循環、抗衰老等作用，被稱為「天然藥石」。

如何讓麥飯石健體？最簡單的辦法就是飲用麥飯石水。用麥飯石淨化的水，含有多種微量元素，甘甜可口，如同天然礦泉水。

②日常注意多吃一些堅果類食物。堅果，又名乾果，顧名思義，果皮堅硬，果肉多乾且硬，這樣的食物適合中老年人食用嗎？是的，堅果不僅又叫乾果，還被稱為「長生果」，足見它對預防疾病、抵抗衰老的神奇功效。

中醫強調老年人應該「齒宜數叩、津宜數嚥」。就是說要經常咀嚼食物，做吞嚥動作，以強健牙齒，刺激唾液分泌，增強消化能力。老年人如果經常吃一些堅果，如葵花籽、榛子、南瓜子，無疑會達到這一目的。

另外，堅果中富含蛋白質、不飽和脂肪酸、各種維生素和礦物質，是人體營養的寶庫；其中矽含量較多，對心血管有著很好的保護作用。堅果還可以提供豐富熱能，比如葵花籽每100g產熱628千卡、花生米100g產熱573千卡，比一些動物性食物還要多，這對體弱的老年人來說，十分重要。

● 松子，素有「長壽果」之稱，富含蛋白質、亞油酸、亞麻、花生四烯酸、矽、鈣、鐵等，可以補血益氣，潤膚生髮，輕身健體，延年益壽。

● 南瓜子，既富含維生素，還含有大量礦物質，性甘味平，適合老年人食用，安全有效；還具有驅蟲性，是難得的天然驅蟲劑。

● 西瓜子，除了多種人體必須營養物質外，還含有皂苷物質，這種物質對於肺部、胃腸、血液系統都有作用，發揮清肺止咳、健胃潤腸、止渴止血的神奇效果。

人體中的七克矽

除了膳食攝取矽以外，當身體嚴重缺乏矽，或者是特殊情況，如需要長期腸胃外營養的病人、出現大面積創傷等，可以透過藥物補充矽，達到治病目的。

相關資訊

一隻大象受傷後，會跑到附近岩石上來回蹭，在傷口處敷上厚厚的灰土和細砂，原因就是這種砂土中含有氧化鎂、鈉和矽酸鹽，發揮癒合傷口的目的。

生活中，我們經常聽說滑石可以治療潰瘍、痱子、濕疹，滑石正是矽酸鹽類礦物，其中富含矽酸鎂，內服具有止瀉、護腸的功效。

如今常見的矽酸鹽類藥物中，就包括矽酸鎂、矽酸鉀等多種藥物。服用矽酸鹽類藥物，需要注意攝取量，雖然它們的毒性較低，但是長期或者大量攝取，會使得腎組織中含矽量增高，誘發尿結石。

另外，在自然界中，矽與氧極具親和力，因此不存在游離的矽，大多以二氧化矽和矽酸鹽形式存在。矽雖是非金屬元素，卻具有某些金屬特性，應用十分廣泛。

目前，從事矽產業的人數逐日遞增，特別是一些行業中會接觸到大量游離的二氧化矽，這些矽粉塵透過呼吸進入肺部，造成肺部廣泛的結節性纖維化，出現矽肺。矽肺是職業病之一，患者血液和尿中的含矽量都很高。

預防矽肺，應該採取綜合療法，做好防護工作，在服用藥物時結合營養康復，避免併發症發生。除此之外，還可以採取中藥治療。在病情不嚴重的情況下，每日大量吃鮮蘿蔔、鮮荸薺，時間長了，對於咳嗽等症狀也會有所緩解。

Chapter 23

微量元素與人體健康

在以上章節詳細敘述了多種礦物質，其中包括鋅、鉬、碘等多種微量元素，也許有人會說：「哦，人體內的微量元素就這些嗎？那我都瞭解了。」其實不然，人體是一個龐大的世界，所包含的元素遠遠不只這些。

有些微量元素也是構成人體的一部分，如同人體必須的微量元素一樣進出體內，發揮著有益或者有害的作用，促進人體的生長、成熟、衰老。一句話，至今為止它們依然影響著人體健康，如何正確處理與它們的關係，也是必須掌握的營養問題。

實際上，人類已經發現的體內元素多達60多種，只不過很多元素對人體健康乃至生命現象的作用還沒有被充分認識和發掘。

相關資訊

英國化學家漢密爾頓在30多年前發現，人體中的60多種元素的含量曲線，與地殼中相對化學元素含量的曲線驚人的相似。就是說，複雜精細的人體，與地球環境有著極其一致的聯繫，自然界中的天然元素幾乎都存在人體中。

微量元素與巨集量元素共同構成人體，它們佔人體總重量的0.005%，除了我們前面講到的、已經確定為人體必須的微量元素外，還有鋰、溴、氡、砷、鍺、鉛、汞、鎘、鋁、鉈等。

這些元素對人體來說，影響也是不容忽視的，它們在體內含量多少，往往決定著健康的程度；而且它們還與必須微量元素、巨集量元素一起，或者互相合作，或者互相拮抗，發揮著重要的生理功能。

微量元素失衡，往往是許多疑難雜症和地方性疾病的致病原因。比如中國貴州地區流行一種叫做「鬼剃頭」的疾病，原來是土壤中鉈元素過量引起的；而遠在芬蘭的某個地區，肝癌發病率特別高，調查顯示當地土壤中嚴重缺錳。

中國古代醫學中，很早就注意到微量元素與健康的關係，《神農本草經》中就曾記載過41種金屬和礦石對健康的影響，明朝的著名醫家李時珍更是在《本草綱目》中詳細論述了217種與人體有關係的金屬、礦石，認為它們與健康息息相關。

認識這些微量元素，就必須學會辨證地看待它們，不能簡單地判定哪種元素有害，哪種元素有益。比如砷自古就被認為是毒物，「砒霜」更是劇毒，0.06g就能置人於死地。然而，誰能想到，人體內卻存在著微量的砷，這些砷來自飲用水，具有改善造血功能，殺菌和促進細胞生長的作用。

實際上，每種元素有害還是有益，往往決定它們在體內的含量，一般情況下，任何元素太多時，對健康都是不利的。有人認為，除了大家熟知的砷、汞、鉛有害外，大約40多種元素都存在不同程度的危害。如何保持體內微量元素在最佳狀態，更好地為健康服務，才是當今營養學界值得深入研究的課題。

人體內的微量元素

人體內究竟含有多種微量元素，到現在雖然還沒有確切的答案，但是已知的各種元素中，有很多發揮著重要作用。

●鋰。鋰具有改善造血、提高免疫力的功能，還可以調節中樞神經活動，發揮鎮靜、安神的效果。現代研究發現，鋰能夠置換體內的鈉，對防治心血管疾病有一定作用。正常成人每天攝取量為0.1mg。

●溴。溴是神經系統的必須品，可以調節大腦皮層活動，經常被用來治療神經官能症、植物神經紊亂、失眠等疾病。正常人每天需要量較多，大約為7.5mg。

●氡。氡是一種放射性氣體，微溶於水，用它製作的水被廣泛用於沐浴治療和飲用治療等，可以促進皮膚血管擴張、收縮，有著改善血液循環的作用，對心血管疾病、關節炎、皮炎、牛皮癬都有療效。

目前，含氡的泉水很受歡迎，經常飲用這種泉水可以延緩衰老、促進性功能，被讚譽為「返老還童泉」。

●硼。硼對人體利用鈣有幫助，可以增強骨骼硬度，使人更強壯，還有利於關節炎恢復。

●鍺。鍺，是一種人類認識不久的抗氧化劑，其功能正待進一步探討。

●砷。眾所周知的毒物——砷，在水中以偏砷酸形式存在，具有活血、殺菌、促進細胞發育的功能，如果微量攝取對人體有益。

實際上，礦泉水中含有砷，只不過量十分微少，限制在0.05mg/L以下。

當然，上述微量元素儘管作用確定，但還不能說它們就是人類必須元素。特別是當今社會，隨著科技發展，環境污染越來越嚴重，許多微量元素大量排放空氣、土壤中，得以透過呼吸、食物進入人體內，使得體內微量元素含量發生著微妙的改變，這一改變也帶來數不清的健康問題。

相關資訊

有人估算，最近10年時間大氣中增加了430萬噸鉛、33萬噸鋅、58.5萬噸銅、7.4萬噸鎘、4.5萬噸鎳。這些工業廢物污染大氣，並且進入地下土壤、水中，直接或者間接進入人體，危害健康。

我們知道，任何微量元素都會透過飲食、呼吸、皮膚接觸進入人體，現代污染問題使得人體內進入了很多古代人體內沒有的元素，或者有些元素嚴重超標，出現中毒症狀。

①鉛。其實，正常人體內都存在著微量鉛，國際上規定兒童血鉛水準100μg／L為干

預值、也是鉛中毒的標準。

由於現代社會中大量含鉛汽油的使用、蓄電池製造、印刷等行業污染、學習用品和玩具污染、食品污染，造成人體含鉛量嚴重超標，特別是兒童，吸收能力強，接觸鉛多，成為污染的重點人群。為此，「零鉛」需得推行普及。有必要提醒大家的是，「零鉛」並非一點鉛也沒有，而是控制在一個安全值內。

②汞。汞，也是人們熟悉的一種元素，俗稱水銀。在古代東、西方都曾大量運用汞來治病，如將汞與雄黃混合治療疥瘡。

汞極易揮發，氣體汞非常容易吸收，進而產生中毒。

相關資訊

20世紀50年代，日本熊本縣水俣灣地區的居民出現一種流行病，他們大多耳聾眼瞎，還精神失常；令人稱奇的是，當地的貓也患有相似症狀，一隻隻不停地跳河自殺。後來研究發現，此地受到汞嚴重污染，導致了汞中毒。

汞蒸氣進入人體後，會被氧化成Hg^{2+}，與蛋白質高度結合，很難分離，因此蓄積中毒，影響細胞活性和新陳代謝，引發免疫力下降，發生腎病綜合症等疾病。

③鎘。鎘，是人體透過食物、水和空氣攝取體內的金屬元素，毒性較大，日本曾因鎘中

毒出現過「痛痛病」。吸菸、鈣鐵缺乏時，鎘吸收明顯增加，進入體內後與紅血球結合，排泄速度非常緩慢，半衰期為10～30年。蓄積的鎘過多時，就會引發中毒，

④鋁。鋁是人們非常熟悉的物質，在生活中廣泛應用，鋁鍋、鋁盆、鋁合金，可謂司空見慣。然而誰能想到世界上成千上萬的老年癡呆症竟然是鋁所害。由於大量使用鋁器，加上很多藥物，如阿司匹靈、胃舒平等都含有大量鋁，以及膳食中會提供一定量鋁，使得現代人體內鋁嚴重超標。

食物中的鋁主要來自食品添加劑、油炸食品、發酵粉，比如1000g油餅含鋁1000mg，如果每餐飯吃50g，攝取量就超過了最低值。

各式各樣的元素進入人體，造成體內元素失衡，進而影響健康。所以，簡單地說某種元素對人體有益、某種元素對人體有害，都是不科學、不客觀的，比如硒，從前人們認為是有毒的，現在發現它不僅有益，還是必須的，關鍵是含量多少，要是體內含量在50μg以下，就是缺乏；超過200μg，就會中毒。

微量元素的相互作用

要想身體健康，除了科學地攝取、拒絕微量元素外，必須考慮到元素之間的相互作用，特別是重金屬對其他元素的影響。這也是營養的關鍵課題。例如，菠菜富含鐵，可是也含有

鞣酸等物質，會與鐵結合阻礙鐵吸收，如果菠菜和雞蛋同時吃，會提高吸收率。原因就是雞蛋中的蛋白質與鞣酸結合，解放了鐵。

在諸多重金屬，如鉛、鎘、汞肆虐人體時，會極大地阻礙鈣、鋅、鐵等物質吸收，進而造成後者長期缺乏；而盲目地大量地攝取一種物質，也會影響到其他元素吸收利用。

所以，一個人體內缺少某種微量元素，或者某種微量元素超標，並不完全是攝取的問題，還取決於它與其他元素之間的關係，即這一元素的狀態是否正常，是否有其他因素影響吸收、排泄、分配。

在已知的各種元素中，它們相互之間的關係大致如下：

①鉬與矽的關係很典型，血漿中矽水準高低受鉬攝取量的作用。矽又作用於錳，可以減輕植物的錳中毒。

②鐵會降低鋅的吸收，抑制銅、鈷、錳的吸收，卻可以增進氟的吸收；另外，鐵可以減輕釩、鉛、鎘中毒。

③鋅會阻礙鐵吸收，影響鐵代謝，進而誘發缺鐵性貧血；同時還會抑制銅、硒吸收，這一作用讓其具有預防銅、硒中毒的特效。另外，鋅可與鉛、鎘、汞、鉍等相互競爭，進而避免它們引發的中毒。

④硒是重金屬的剋星，可與汞、鎘結合加速排泄；硒還可以預防鉈中毒，減輕鉑的毒性。與硒關係較非同一般的是錳，兩者的作用具有雙重性，錳會左右硒的吸收和利

用。

⑤銅會促進鐵吸收，可是銅過高時又會抑制鐵吸收，兩者的關係十分微妙。銅還能拮抗硒、鉬、鎘，對於預防它們中毒有效；不過，銅太多了會引發鋅、碘過少。

⑥鈷不足時會阻礙銅吸收，引發缺銅症；還會使碘缺乏，加重缺碘危害；另外鈷與鐵關係特殊，過多、過少都會影響鐵的吸收利用。

⑦硼會影響氟代謝，當氟中毒時，它會與之結合接觸毒性。

⑧鉛會置換體內的鐵，抑制血紅素合成；還可以競爭性地影響銅、鋅、硒的吸收；阻礙碘利用。

⑨鎘與鋅競爭，干擾銅、硒吸收利用。

⑩鋁可與氟、鐵結合，進而干擾它們的吸收。

如何正確地處理元素之間的關係，比較科學的做法是：補充和排出互相結合。補充一種元素時，必須密切注意其他元素的含量、狀態；而一般來說絡合物會結合金屬離子，是排泄的好辦法。

在中國古代人們就非常注意礦物質之間的相互作用。如朱砂，又名辰砂、丹砂，主要成分是硫化汞，其中的汞對人體有毒。可是生服朱砂，卻有鎮靜安神的功效，《神農本草經》上就說其可以治療「身體五臟百病，養精神，安魂魄，益氣明目」。那麼，朱砂中的汞難道就沒害嗎？有，只是要把朱砂加熱，其中的二氧化硫揮發之後，餘下的汞還原成水銀，這時如果再服用，就會中毒，甚至身亡。

石膏的主要成分是鈣，當將其加熱到150℃時，脫水，研末，具有治療潰瘍、濕疹等效果；可是如果生服石膏，則會使血鈣濃度增高，進而出現高鈣血症，抑制興奮。

微量元素與人體健康

人人渴望長壽，希望身體健康，可是人類離不開生存環境，如何在當今社會下求得長生，必須認真對待各種微量元素的攝取，以及體內的含量。比如鉛，對人體沒有任何生理意義，卻隨著汽車排氣、玩具污染、食品污染，大量侵蝕體內，以及成為危害健康的公害。

相關資訊

世界上有幾個著名的長壽地區，中國廣西的巴馬縣、厄瓜多爾的比爾卡旺巴、羅馬尼亞的多瑙河三角洲。學者發現這些地區遠離工業污染，空氣中幾乎不含任何有毒元素。

任何一種元素過多都會帶來危害，特別是重金屬，在污染環境下大量進入人體，是危及現代健康的一大隱患。

①遠離污染環境。生活在無污染的地區當然是最好的，可是這一目標難以實現，因此要求人們盡量避免嚴重污染的環境，少吸汽車排氣，少抽菸，保持室內空氣新鮮；如果從事重金屬生成的人員，必須做好防護工作。

②少吃污染食品。爆米花、松花蛋、水果皮，因為在加工或者生長過程中，加入或者噴灑了過多的鉛，最好少吃、不吃；油炸食品、膨化食品中鋁含量超標，應該少吃。

③選擇無污染化妝品。汞常被用在化妝品中，透過皮膚、口腔進入人體；預防汞污染，可以小蘇打等鹼性物質，調和適量化妝品，如果幾分鐘後化妝品變色，出現灰、黑色，都可以判定其中含汞。口紅中常含有一種叫鉍的元素，藉以增加亮度。可是這種元素會引起嘴唇過敏，還會誤服體內，損害肝腎。購買口紅時，可以在金戒指上測試，如果口紅變色，說明其中含有重金屬；顏色越深，重金屬含量越多。

④改變個人生活習慣。蓄鬍鬚的男性需要小心了，「美髯公」固然不錯，可是鬍鬚會吸附空氣中的各種有害物質，如苯、鉛、硫化物、氨，這些物質隨著呼吸進入體內，照樣危害健康。

⑤為孩子選擇無鉛學習用品、玩具。兒童吸收鉛的能力比成人高出5倍，而他們生活中接觸鉛的機率更多，比如鉛筆、金屬玩具、塗油漆的玩具等等，孩子們在與其親密遊戲中，無疑攝取了大量鉛。這些鉛嚴重損傷他們尚未發育完全的中樞神經，帶來不可挽回的惡果。

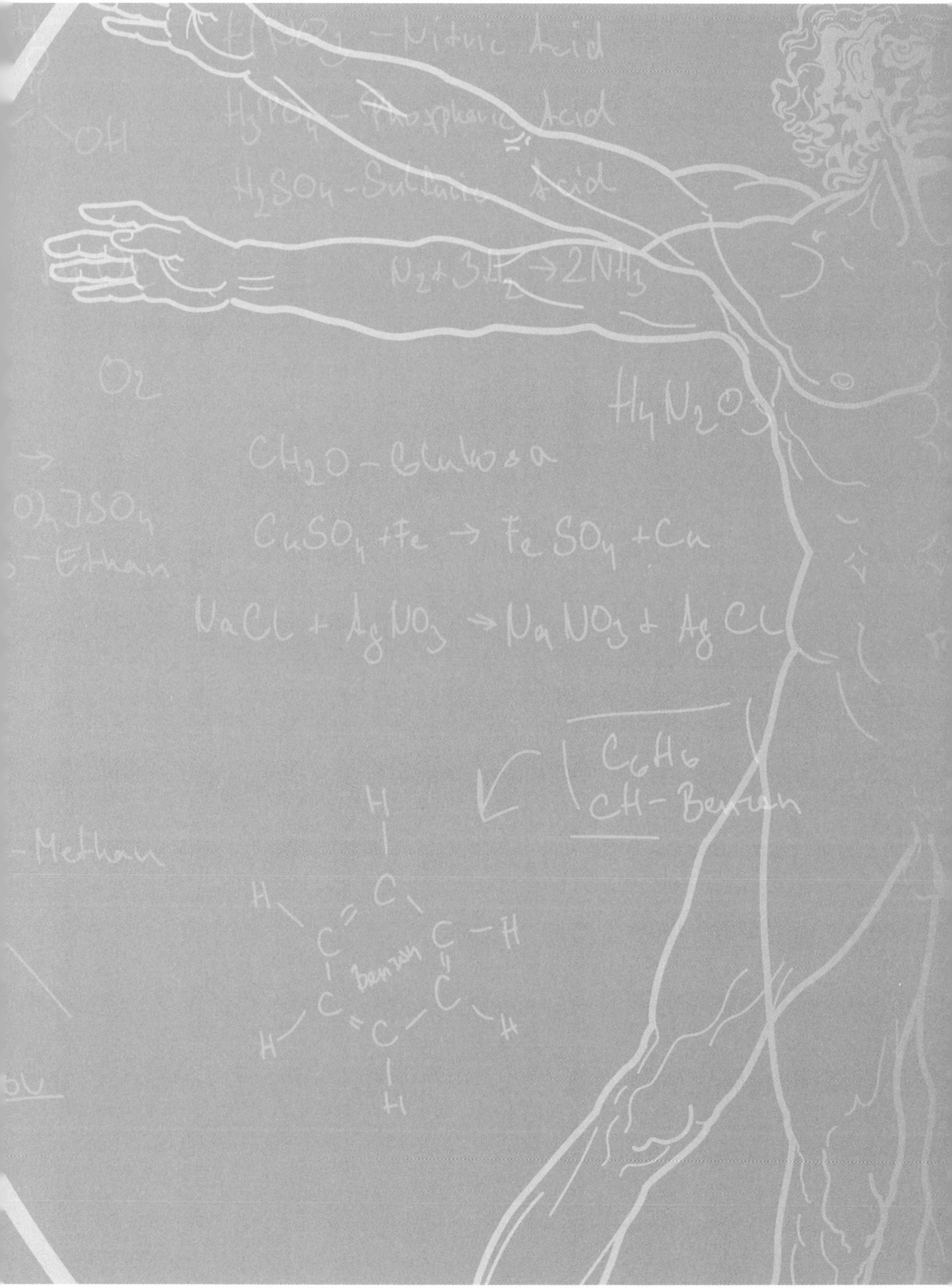
HNO3 - Nitric Acid
H3PO4 - Phosphoric Acid
H2SO4 - Sulfuric Acid
N2 + 3H2 → 2NH3
O2
H4N2O3
CH2O - Glukosa
CuSO4 + Fe → FeSO4 + Cu
NaCl + AgNO3 → NaNO3 + AgCl
- Ethan
C6H6
CH - Benzen
- Methan
Benzen

Chapter 24

礦物質的理療和美容作用

在全面瞭解礦物質的基礎上，我們發現除了維持正常生理功能外，礦物質的物理治療作用同樣不容忽視，涉及到臨床醫療的各方面。

相關資訊

在中國古代就有用礦石治病的傳統。比如硼砂，學名月石，具有清涼解毒、消腫祛痰的作用，人們用它可以治療咳嗽、痰稠、泌尿道感染；外用還可以治療口瘡、牙齦炎、潰瘍、牛皮癬等。

目前，臨床上常見到的礦物質藥物主要有以下幾方面功能。

①消炎殺菌。許多天然礦物質具有消炎殺菌的功能，在此基礎上人們開發研製了礦物質藥物，如汞鹽、鋅鹽，是外用殺菌良藥；稀土磺胺藥是常見的消炎劑；次水楊酸鉍是對抗真菌的良方。除去外用，鐵、錳的菲咯啉配合物還被用來治療流感，效果不錯。

②治療貧血。鐵鹽、鈷鹽，是用來治療缺鐵性貧血、紅血球貧血的特效藥。

③凝血作用。許多礦物質具有凝血作用，比如鈣，這些礦物質被用作藥物，透過口服、注射或者外用，達到抑制血液凝固的目的。臨床上常用的抗凝藥物靜脈針劑，輸入體內後立即產生抗凝血作用，與其他抗凝劑，如肝素等效果不相上下。

④抗腫瘤。有些礦物質與腫瘤的發生、發展有關，它們可以蓄積在腫瘤細胞內，抑制

或者破壞腫瘤細胞。為此礦物質成為抗腫瘤的選擇，目前臨床上用的丙二胺三乙酸銻鈉、氮三乙醚銻就是抑制腫瘤的良效藥。現在，有機錫、有機鍺已經被大量運用到抗癌藥物中，在抗癌前線發揮著獨一無二的作用。

⑤降血糖。許多礦物質與胰島素分泌有關，比如鉻、鎳等，它們對於維持血糖濃度，降低糖尿病危險極有幫助，而且毒性較低，是預防糖尿病的首選藥物。如今，由鉻、菸酸，及氨基酸組成的葡萄糖耐量因子，即GTF，在糖尿病領域得到較高評價，可以改善糖耐量，增強胰島素功能，降低血糖。

⑥治療燒傷、創傷。礦物質的抗菌消炎作用，可以用來外敷治療燒傷、創傷，促進傷口癒合。如雄黃，是中國民間常用的消炎礦石，主要成分為硫化砷，有毒，卻可以用來治療疥癬、惡瘡、蛇蟲咬傷等。中國人端午節飲雄黃酒，並喜歡將其塗抹在小孩子的臉上、額頭，就是為了預防蚊蟲咬傷，防治各種疥瘡。

⑦其他作用。礦物質硫磺具有發汗驅寒、殺蟲止癢的作用，目前臨床上運用的氨基硫磺酸鹽正是根據這一理論製取的；還有金、銅，它們的配合物被用來治療風濕性關節炎；當然，還有大量礦物質如矽、鍺，被用在美容產品或者行業中，也發揮著重要作用。

提升精力的Sex礦物質

鋅，被稱為Sex礦物質，是男性性功能的主宰者。精子中的鋅含量超過其他任何器官，如果長期缺乏鋅，會讓精子減少，性能力下降，睪丸萎縮，最後導致不育。世界衛生組織規定成人每天攝取鋅為15mg，可是台灣男子普遍攝取鋅偏低，平均只有9mg，成為多種生殖系統疾患的主要發病原因。

補鋅藥物不僅可以提升精子活力，增強性功能，還對於預防前列腺炎有特效。目前臨床上大力推薦鋅鹽治療前列腺疾病；並且還提出蘋果療法。原因就是蘋果汁富含鋅，比藥丸還管用，而且服用方便、安全、有效。

除了鋅，具有提升精力作用的礦物質還有碘、錳、鉻、鈣等，它們在男性功能方面的運用也頗受關注。

碘，甲狀腺素合成成分，調節正常生理代謝，也影響男性荷爾蒙分泌，可以維持正常性興奮。

錳，影響第二性徵發育，缺乏時會導致睪丸退化。

鈣，肌肉神經的正常興奮劑，能使肌肉維持一定的緊縮度，對預防早洩、陽痿有一定作用。

鉻，能減少脂肪，提升肌肉的耐力，提高性能力。

這些礦物質藥物在臨床上常見，如強化鉻藥丸、各種鈣劑、啤酒酵母等。當然，除了藥丸外，生活中多攝取富含礦物質的食物，才是提升性能力的根本。

相關資訊

古羅馬人喜歡吃鯊魚肉，他們認為鯊魚肉是性愛的「催化劑」，具有很好的滋養性慾功能。

現代科學研究發現，魚肉富含鈣、磷等多種礦物質，對男女雙方的性能力都有保健作用，所以稱之為「性和諧素」。

在中國傳統養生中，韭菜被稱為壯陽草。腎虛陽痿者，每天吃韭菜，或者韭菜子研末服用，治療效果十分明顯。

另外，多吃來自深海中的藻類、如海帶、紫菜、裙帶菜等；多喝富錳的茶葉；多吃花生、松子、瓜子等堅果、多吃瘦肉、雞肉等，都是男性的必須品。

巧取食物礦物質

自然界中，很多食物是礦物質的寶庫，比如葡萄是「鉻庫」，紫菜是「補鎂元素」，它們可以大量提供人體需要的某種礦物質，是獲取礦物質的簡便有效途徑。以下列舉了幾種特殊食物，你不妨在廚房中多準備。

①胡蘿蔔。100g胡蘿蔔含鈣190mg，可提供日需求量的1／5，而且富含胡蘿蔔素，特

別適合兒童食用，預防佝僂病、近視。

②茶葉。茶葉是錳的有效來源，1杯濃茶錳含量達1mg，比肉類含錳多，比穀物的錳利於人體吸收，對中老年人來說，有著預防衰老、防治白髮、使骨質更結實的作用。

③豬肝。豬肝是常見食物，價格實惠，其中含有多種人體必須微量元素，其中銅含量非常高，對於皮膚色素脫失症有防治作用。而且豬肝富含維生素A，適合老年人、兒童食用，使眼睛明亮。

④牛腎。鉬能提升一個人的精、氣、神，在牛腎中存量豐富，食用後可以讓你精氣大增。

⑤芋頭。芋頭是近年來很受歡迎的食物，以富含蛋白質、礦物質、維生素而成為健康食品。其中氟含量特別高，對於防齲護齒很有療效。

礦物質與美容保健的關係

礦物質的美容保健表現在各方面，可以透過頭髮、牙齒、體型等各個方面塑造更完美的身體。

對頭髮有益的礦物質有碘、鈣、鎂、鋅、鐵等，它們或者改善頭髮組織，讓頭髮更加柔順有彈性，或者參與甲狀腺素合成，刺激荷爾蒙分泌，讓頭髮更滋潤。總之，要想擁有烏黑、亮澤的頭髮，「美髮食品」少不了，包括各類堅果、豆製品、牛奶，還有水果；而含碘最豐富的食物來自於海底，多吃海帶、紫菜是不錯的選擇。

與食補相反，洗髮時要注意礦物質對頭髮的損傷，特別是地下硬水中含有多過的鹼性物質，會讓頭髮乾枯；這時，選擇弱酸性洗髮水會有幫助。有人發現，用無污染的酸性雨水洗頭，頭髮更加亮澤柔軟。

一口潔白整齊、堅固有力的牙齒也是美麗的象徵，達到這個目的離不開礦物質。鈣、磷、氟是牙齒生長發育的必須物質，它們的含量高低直接影響牙齒的美容健康。牛奶、雞蛋、蝦、魚，都是「牙齒食物」，牙齒美容少不了。

牙膏會為牙齒美容帶來福音，其中的氟是減少齲齒的有力武器，可是如果你刷牙時不小心吞服了牙膏，久而久之，會形成氟斑牙，同樣影響美容。

沒有比苗條、動人的身材更令女士嚮往的了，「魔鬼身材」如何獲得，也與礦物質息息相關。鈣、磷，讓身材發育良好，防止O型腿發生；而矽可以增強軟骨、結締組織彈性，使得身材凹凸有致。生活中，少吃甜食、油炸食物，會減少脂肪、碳水化合物攝取，讓身材更苗條，肌肉更有彈性。

總而言之，人生的目標是健康、美麗和長壽，合理地攝取礦物質，讓鋅、硒清除自由基，更好地保養皮膚；讓鐵運輸氧氣，讓皮膚更紅潤；讓鈣、磷更多地沉積骨骼、牙齒，讓身材更健壯……

女性護膚需要礦物質

「年年歲歲花相似，歲歲年年人不同」，這句古詩道出了歲月更替、人生易老的主題。女性過了25歲，臉上就會出現皺紋，衰老由此與之相隨。如何杜絕皺紋，讓皮膚永保靚麗青春呢？如今，採用礦物質美容護膚的產品越來越多，它們以效果明顯、迅速而風靡全球各地，大體有以下幾類：

①礦物質水。令許多女性大吃一驚的是，平時飲用的水也是關乎美容的重要因素。水，是生命的基礎，也是皮膚濕潤光澤的保障，沒有水，皮膚會乾枯、皺摺、失去光澤，甚至危及生命。可是隨隨便便喝水就能維持美容效果嗎？

答案是「NO」，水有多樣，不同的水具有不同的美容效果。現在流行世界的礦物質水成為美容的獨特秘方。

在法國，女士們非常重視各種礦物質水，將其當作塑身、排毒的美容聖品。礦物質水何以擁有如此神效？原因在於其中豐富的礦物質含量，如鈣、鎂、鉀等。每天飲用100～200ml礦泉水，可以使得皮膚光潔、細嫩，更具彈性。

目前流行的礦物質水主要有海洋深層水、活泉水等。

●海洋深層水，顧名思義來自海洋深底，含有錳、碘等大量礦物質，可以幫助皮膚重建角質細胞，促進新陳代謝，進而保持光滑潤澤。

●活泉水，具有放鬆肌膚的效果，受到女士們歡迎，其中的礦物質還能修護傷口、活化細胞。日本女士們十分推崇活泉水，將其噴灑身體上，以增加皮膚彈性。

除了天然礦泉水，在飲用水中加入果汁，如番茄汁、奇異果汁、橘汁、草莓汁等，也會大大增加礦物質、維生素攝取量，有助於色素消褪，增強皮膚抵抗力。

②礦物泥面膜。礦物泥，以較強的皮脂吸附力成為主打潔淨的美容品，被用在面膜中，受到油性皮膚女士們的青睞。常見的礦物質有白泥，富含多種必須微量元素、稀土，可以透過皮膚直接吸收，清潔有效，較為溫和，適合多種皮膚使用。綠泥，去污能力強，可以軟化枯乾、角化的皮膚，特別適合油性嚴重的皮膚。紅泥，產自義大利天然火山熔岩，在溫泉中浸潤2年以上，含有十幾種美膚礦物質，潔膚並具有亮膚奇效。

③礦物質粉。礦物質粉底，是細小的粉末狀，而不是傳統粉餅的粉塊狀，不含油脂，具有透氣性好、不堵塞毛孔的特點。礦物質粉含有親膚原料，而非滑石粉，突出了保濕效果，因此是粉底行業的一大突破。

吃出美麗肌膚

礦物質美容，除了直接用於皮膚的化妝品外，透過食物攝取更是從內而外改變膚色、永保青春的好辦法。

在各種礦物質中，對皮膚的作用具有明顯效果的如鈣，可以保護皮膚組織；矽，促進細胞再生；硒，清除自由基；鐵，可以攜帶氧氣，為細胞呼吸提供營養……在生活中，這些「美容」礦物質存在各式各樣的食物中，下面推薦幾種特別有效的美容食物，以供愛美人士借鏡。

- 番茄。富含鈣、鐵、磷、鋅等礦物質，而且含有豐富的蛋白質、菸酸、維生素C、蘋果脫氫酶，對於提高人體抵抗力、改善皮膚老化、祛斑除痕很有效果；其中含有番茄素，更具美容效果。
- 蘋果。蘋果酸、鉀鹽、鋅、多種維生素都是美容健將，它們在蘋果中含量豐富，可以使皮膚光滑、柔軟、更加白潤。由於蘋果食用方便，來源廣泛，歷來是美容佳品。
- 刺梨。又名木梨，每100g含維生素C2000mg，被譽為「維生素C之王」，還含有十幾種必須微量元素，對於消除色斑、治療粉刺、妊娠斑有特效，還能夠滋養頭髮，是難得的美膚美髮食品。

●落花生。落花生，即花生，被譽為「素果之王」、「植物肉」，營養價值非常高，而且含有鈣、鉀、鎂等礦物質，可以改變血液酸性狀態，延緩酸性物質造成的身體老化，具有潤膚潔白功能。另外，花生中的卵磷脂、腦磷脂是腦部營養素，可以改善記憶力，防止腦衰老，還能預防白髮、脫髮。

●芝麻。芝麻粒小用處大，其中黑芝麻更是烏髮佳品。生活中，將黑芝麻、何首烏研末，製成蜜丸口服，具有美髮的神奇作用。

●火雞。火雞肉是雞類中含鐵、鉀最多的，可以改善膚色，使之紅潤，並能夠讓肌肉結實，身材更加苗條健康。

●全麥麵包。比起一般麵包來，全麥麵包含有更多的鈣、鐵等礦物質，以及維生素B，經常食用會讓人精神飽滿，膚色健康。

●深海產品。來自深海的產品種類很多，如海魚、海藻等，它們不受污染，碘、錳等礦物質格外豐富，可以補充陸地食物中缺少的礦物質，是美容的好伴侶。

●肉皮。各類動物的肉皮中富含膠原蛋白，其中的矽是美容礦物質，可以增加皮膚彈性，促進皮膚保水功能，美膚美容效果奇佳。

●豆類。豆類是新近備受青睞的美容食品，因為富含蛋白質、維生素B、食物纖維，並且是多種礦物質的良好來源，其美容效果不容忽視。

各種食物為女士們提供了美麗的泉源，那麼如何將這些「有益」的元素攝取體內，吃出美麗，吃出健康？

首先，多吃粗糧。

儘管富含礦物質的食物很多，尤其是糧食，可是精細加工流失了絕大多數礦物質，如鎂、鋅等，粗糧中含有大量鎂，對於加速廢物排泄有效，可以減肥健體，是美容佳品。如今受到推崇的粗糧有玉米、蕎麥、糙米等。

其次，多喝果汁。

果汁中包含著水果中的各類成分，其中礦物質流失較少，如果去超市購物的話，選擇一兩種天然純果汁，會為身體帶來較多有益微量元素。比如葡萄汁，含有人體需要的鉻，可以健美肌肉，是抗衰老的良品。

再次，結合個人自身情況選擇食物。

人體的髮膚是內臟器官好壞的反映，從調理內部器官開始，會更利於美容。如果臉色灰黯，那麼體內缺氧，肺功能註定不會太好，這時多運動、補充富氧食物就很重要。還有眼圈發黑，是腎臟負擔過重的表現，這時需要少攝取鈉、糖，增加富鉀食物；蘿蔔、蒲公英是比較好的選擇。

①額頭。預防額頭皺紋，需要從保肝入手，少喝酒，多喝水，是保肝的簡便方法，而且需要控制飲食，特別是高脂肪食物攝取，如肝臟等，最好每週吃1～2天以粗糧為主的素食。

②鼻子。鼻子保養不好，會發紅、皮膚粗糙，這是心臟不好的先兆，因此應該放鬆身心，戒菸，減少脂肪攝取，少吃巧克力，適當補充水果、優酪乳、堅果，會提供心臟需要的有益營養和礦物質。

③嘴唇。嘴唇突然腫脹，大多是胃痙攣所致，多吃暖胃的食物，如馬鈴薯，會解除痙攣，間接美容嘴唇。

【美容食譜】嫩膚豬蹄湯

材料：豬蹄兩隻，花生100g，蔥、薑、料酒、鹽。

製法：將豬蹄切成塊，在沸水中焯乾淨；然後在砂鍋中燒開水，放入豬蹄、花生、蔥、薑、料酒，大火燒開後，繼續文火慢燉；2個小時左右，豬蹄燉爛，放鹽出鍋。

功效：豬蹄、花生都是非常好的美容食品，它們含有大量膠原蛋白、鋅、鎂、鈣等礦物質，對於維持皮膚滋潤，防止乾燥皺摺，是絕好的選擇。

國家圖書館出版品預行編目資料

生命元素：搶救人體必需的礦物質／張茂著.
－－第一版－－臺北市：宇河文化出版；
紅螞蟻圖書發行，2012.3
面　公分－－(Vitality；16)
ISBN 978-957-659-889-0（平裝）

1.礦物質

399.24　101004405

Vitality 16
生命元素：搶救人體必需的礦物質

作　　者／張茂
責任編輯／韓顯赫
美術構成／Chris' office
校　　對／楊安妮、周英嬌、賴依蓮
發 行 人／賴秀珍
榮譽總監／張錦基
總 編 輯／何南輝
出　　版／宇河文化出版有限公司
發　　行／紅螞蟻圖書有限公司
地　　址／台北市內湖區舊宗路二段121巷28號4F
網　　站／www.e-redant.com
郵撥帳號／1604621-1　紅螞蟻圖書有限公司
電　　話／(02)2795-3656（代表號）
傳　　真／(02)2795-4100
登 記 證／局版北市業字第1446號
法律顧問／許晏賓律師
印 刷 廠／卡樂彩色製版印刷有限公司
出版日期／2012年3月　第一版第一刷

定價 300 元　港幣 100 元

ISBN 978-957-659-889-0　Printed in Taiwan